郑阿奇 梁敬东 主编
曹 弋 刘金定 编著

高等院校程序设计规划教材

Visual Basic
实训（第3版）

清华大学出版社
北京

内 容 简 介

Visual Basic 实训以 Visual Basic 6.0 中文版为平台，内容包括实验、综合应用实习和考级训练 3 个部分。实验内容是对 Visual Basic 内容的实践，并且有综合和提高。实验除消化局部内容外，又逐步组装成一个小系统。综合应用实习完全从一个新的数据库和一个新的应用系统从头开始逐步设计和组装，并把 Visual Basic 的基本内容包含进来。通过实验和实习实训，一般能轻松自如地用 Visual Basic 设计开发一个小的应用系统。考级上机训练专用等级考试设计。

本教程适合作为普通高等院校、高职高专、软件职业技术学院等学校的教材，也可供 Visual Basic 的各类培训和开发应用程序的读者学习和参考。

本书封面贴有清华大学出版社防伪标签，无标签者不得销售。
版权所有，侵权必究。侵权举报电话：010-62782989　13701121933

图书在版编目（CIP）数据

Visual Basic 实训 / 郑阿奇，梁敬东主编. —3 版. —北京：清华大学出版社，2016（2020.2重印）
高等院校程序设计规划教材
ISBN 978-7-302-43716-1

Ⅰ. ①V… Ⅱ. ①郑… ②梁… Ⅲ. ① BASIC 语言-程序设计-高等学校-教材 Ⅳ. ①TP312

中国版本图书馆 CIP 数据核字（2016）第 087502 号

责任编辑：张瑞庆
封面设计：常雪影
责任校对：焦丽丽
责任印制：宋　林

出版发行：清华大学出版社
网　　址：http://www.tup.com.cn, http://www.wqbook.com
地　　址：北京清华大学学研大厦 A 座　　邮　编：100084
社 总 机：010-62770175　　邮　购：010-62786544
投稿与读者服务：010-62776969，c-service@tup.tsinghua.edu.cn
质量反馈：010-62772015，zhiliang@tup.tsinghua.edu.cn

印 装 者：北京国马印刷厂
经　　销：全国新华书店
开　　本：185mm×260mm　　印　张：11　　字　数：268 千字
版　　次：2005 年 6 月第 1 版　　2016 年 6 月第 3 版　　印　次：2020 年 2 月第 7 次印刷
定　　价：25.00 元

产品编号：070040-01

前 言

本系列教程首次提出"教程就是服务"的思想,总结近年来我们的教学和开发实践,以当前流行的 Visual Basic 6.0 中文版的内容进行组织,详略结合,突出基本。既汲取现有教材中的合理内容,又对主要内容的介绍有所创新。

(1) **Visual Basic 教程**:教程以"跟着学→模仿→自己应用"为思路,力争使问题简单化;翻开书,整篇体现较强的应用特色,把介绍内容和实际应用有机地结合起来。选用的实例不太大,即程序不太长;同时实例涉及一定的范围,通过实例来消化主要内容。

(2) **Visual Basic 实训**:内容包括实验、实习和综合测验。实验内容是对教程内容的实训,同时在此基础上进一步提高。实习从一个应用系统开始逐步设计和组装,并把教程的基本内容包含进来。教程的最后一章通过实习方式介绍解决问题的步骤和方法,通过实验和实习实训,一般能轻松自如地用 Visual Basic 设计开发一个小的应用系统。

(3) **Visual Basic 教程课件**:在网上同步免费提供该课件下载。教师可据此备课和教学,它包含了本教程的主要内容。同时附本教程的所有实例源代码。

(4) **Visual Basic 应用系统**:在网上同步免费提供包含教程和实验中形成的学生成绩管理系统的所有源文件以及实习形成的人员信息管理系统的所有源文件。教师可据此在课堂演示,学生也可据此上机模仿。

本教程不仅适合于教学,也非常适合于 Visual Basic 的各类培训和用户学习和参考,请读者比较后加以选择。

本书在第 2 版基础上增加了综合练习的内容,并且随着考试内容的变化适当调整了上机训练和综合测试题内容。

本书由曹弋(南京师范大学)、刘金定(南京农业大学)编写,郑阿奇(南京师范大学)和梁敬东(南京农业大学)统编、定稿。本套书编写人员还有顾韵华、刘启芬、丁有和、姜宁秋、刘怀、刘建、郑进、刘中等。

由于作者水平有限,书中不当之处在所难免,恳请读者批评指正。

编 者
2016 年 3 月

目录

第 1 部分　Visual Basic 实验 ………………………………………………1

实验 1　创建一个简单的 Visual Basic 应用程序 ………………………1
　　1.1　使用集成开发环境 ……………………………………………1
　　1.2　创建一个简单的程序 …………………………………………3

实验 2　编程基础 ………………………………………………………8
　　2.1　常量、变量、表达式和函数 …………………………………8
　　2.2　输入函数和输入方法 …………………………………………13
　　2.3　综合练习 ………………………………………………………17

实验 3　基本控制结构 …………………………………………………18
　　3.1　基本控制结构程序设计 ………………………………………18
　　3.2　综合练习 ………………………………………………………24

实验 4　基本控件（1）…………………………………………………25
　　4.1　窗体 ……………………………………………………………25
　　4.2　标签、文本框和按钮 …………………………………………27
　　4.3　选项按钮、复选框和框架 ……………………………………30
　　4.4　综合练习 ………………………………………………………31

实验 5　基本控件（2）…………………………………………………33
　　5.1　列表框和组合框 ………………………………………………33
　　5.2　图像框和定时器 ………………………………………………36
　　5.3　滚动条 …………………………………………………………39
　　5.4　对象浏览器 ……………………………………………………41
　　5.5　综合练习 ………………………………………………………42

实验 6　应用界面设计 …………………………………………………44
　　6.1　多窗体和 MDI 窗体 ……………………………………………44
　　6.2　菜单和工具栏 …………………………………………………48
　　6.3　通用对话框控件 ………………………………………………50
　　6.4　综合练习 ………………………………………………………55

实验 7　数组、程序调试 ………………………………………………56
　　7.1　数组 ……………………………………………………………56
　　7.2　程序调试 ………………………………………………………60
　　7.3　综合练习 ………………………………………………………63

实验 8　子程序（Sub）过程 ·· 64
　　8.1　代码编辑器的使用 ·· 64
　　8.2　Sub 过程 ·· 65
　　8.3　综合练习 ·· 71
实验 9　函数（Function）过程和递归调用 ·· 72
　　9.1　Function 过程 ·· 72
　　9.2　递归调用 ·· 77
　　9.3　综合练习 ·· 79
实验 10　图形和多媒体 ··· 81
　　10.1　坐标系和颜色设置 ··· 81
　　10.2　多媒体应用 ··· 87
实验 11　鼠标、键盘和 OLE 控件 ·· 89
　　11.1　鼠标和键盘 ··· 89
　　11.2　OLE 控件 ·· 93
实验 12　文件操作 ··· 96
　　12.1　数据文件 ··· 96
　　12.2　FSO 对象模型 ··· 102

第 2 部分　Visual Basic 数据库综合应用实习 ································ 105

实验 13　数据库操作（1） ·· 105
　　13.1　可视化数据管理器 ·· 105
　　13.2　使用 Data 控件 ··· 110
实验 14　数据库操作（2） ·· 114
　　14.1　ADO Data 控件 ·· 114
　　14.2　数据报表 ··· 117
　　14.3　多媒体数据库 ·· 120
实验 15　学生信息管理系统 ··· 123
　　15.1　创建数据库 ··· 123
　　15.2　创建启动界面 ··· 124
　　15.3　创建主窗体 ··· 125
　　15.4　创建各模块窗体 ··· 126
　　15.5　调试 ·· 135
　　15.6　应用程序的发布 ··· 135

第 3 部分　Visual Basic 考级上机训练 ·· 136

实验 16　Visual Basic 综合测试题 ··· 136
　　16.1　改错题 ·· 136
　　16.2　编程题 ·· 155
Visual Basic 数据库综合测试题答案 ·· 161

PART 1 第 1 部分

Visual Basic 实验

实验 1　创建一个简单的 Visual Basic 应用程序

1.1　使用集成开发环境

实验目的

（1）熟练掌握 Visual Basic 的启动方法。
（2）熟悉 Visual Basic 的集成开发环境。

实验内容

1. 启动 Visual Basic

在 Windows 环境下，启动 Visual Basic 有两种方法。
（1）方法一
选择"开始"菜单→"程序"菜单项→"Microsoft Visual Basic 6.0 中文版"菜单项→"Microsoft Visual Basic 6.0 中文版"菜单项，单击鼠标左键，启动 Visual Basic，如图 1-1 所示。

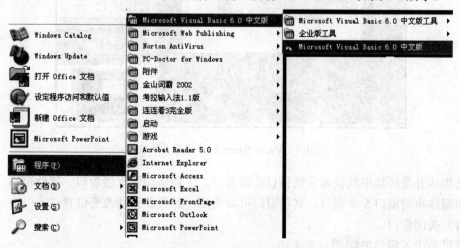

图 1-1　启动 Visual Basic

（2）方法二

打开"资源管理器"→找到..\Program Files\Microsoft Visual Studio\Visual Basic 98 的 Visual Basic 6.exe 文件→双击该文件启动 Visual Basic。

2. Visual Basic 的集成开发环境

Visual Basic 的集成开发环境包括标题栏、菜单栏、工具栏、控件箱和窗体。

启动 Visual Basic 后就会出现 Visual Basic 的启动界面，接着出现"新建工程"窗口，如图 1-2 所示，选择"标准 EXE"图标，单击"打开"按钮，就新建一个"标准 EXE"工程。则出现了 Visual Basic 的集成开发环境，如图 1-3 所示，新建了一个空白的 Form1 窗体。

图 1-2 "新建工程"界面

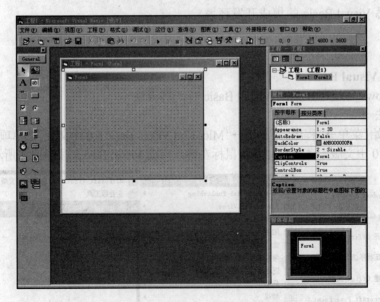

图 1-3 Visual Basic 的集成开发环境

在集成开发环境中默认显示窗体设计器窗口、工程资源管理器窗口、属性窗口、代码窗口和窗体布局窗口 5 个窗口，这些窗口可以关闭、打开和移动改变位置。

（1）关闭窗口

通过单击各窗口的 ⊠ 图标来关闭。

(2) 打开窗口

打开窗口有两种方法：
- 选择"视图"菜单的各窗口名称打开窗口。
- 单击工具栏中的各窗口图标打开窗口。

(3) 移动窗口

通过单击各窗口的标题栏来拖动窗口，拖动时会显示各窗口的轮廓。

练习：
- 查看 Visual Basic 集成开发环境工具栏的其他工具按钮。
- 使用"视图"菜单和工具栏按钮打开和关闭工程资源管理器窗口、对象浏览器窗口和属性窗口。

1.2 创建一个简单的程序

实验目的

（1）学会向窗体中放置控件和使用属性窗口。
（2）学会在代码编辑窗口中添加代码。
（3）掌握运行应用程序和保存文件的方法。
（4）掌握 Visual Basic 面向对象的设计方法和事件驱动编程机制。
（5）掌握查找帮助信息。

实验内容

创建 Visual Basic 应用程序的步骤如下：
① 创建应用程序界面。
② 设置界面上各个对象的属性。
③ 编写程序代码。
④ 保存应用程序。
⑤ 运行和调试程序。
⑥ 生成可执行文件。

【实验 1-1】创建一个窗体，窗体界面上放置两个按钮（Command1、Command2）和一个文本框（Text1）控件，单击按钮 Command1 在文本框 Text1 上显示"你好！"，单击 Command2 则在 Text1 上显示"再见！"，图 1-4 为单击 Command1 按钮时的运行界面。

1. 创建应用程序界面

（1）创建控件

创建控件有以下几种方法：
- 在控件箱中双击选定的控件图标，该控件会自动

图 1-4 运行界面

出现在窗体中间。
- 在控件箱中单击选定的控件图标,将变成十字线的鼠标指针放在窗体上,拖动十字线画出适合的控件大小。

(2) 选择控件

选择控件有以下几种方法:
- 单击某个控件,当控件的四周出现尺寸柄时表示控件被选中。
- 用↑、↓、←、→方向键在不同的控件中切换。
- 按 Shift 键,依次单击几个控件,可同时选中几个控件。
- 在控件的外围拖出一个选择框,则在框内的所有控件都同时选中,如图 1-5 所示。

(3) 移动控件

移动控件有以下方法:
- 先用鼠标选择控件,再把窗体上的控件拖动到一新位置。
- 先选择控件,用 Ctrl+↑、↓、←、→方向键调整控件位置,每次移动位置为窗体网格的一格。

(4) 调整控件大小

调整控件大小有以下方法:
- 先选择某控件,然后拖动尺寸柄向各方向调整大小。

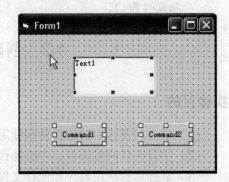

图 1-5 同时选中多个控件

- 先选择某控件,用 Shift+↑、↓、←、→方向键调整控件大小,每次增大或缩小为窗体网格的一格。

(5) 查看工具栏中的窗体和各控件的位置和大小尺寸
- 单击窗体 Form1 或各控件选中该对象,拖动窗体或各控件的尺寸柄改变窗体或各控件大小,可以看到工具栏最右边表示窗体或各控件大小的数据发生改变。
- 单击窗体 Form1 选中窗体,在"窗体布局窗口"中移动小窗体 Form1 图标,改变窗体的位置,可以看到工具栏右边表示窗体位置的数据发生改变。
- 单击各控件选中该控件,移动控件的位置,可以看到工具栏右边表示控件位置的数据发生改变。

(6) 对齐控件

为了使控件在窗体中的位置整齐统一,可以使用"格式"菜单的菜单项来对齐控件。
- 使用上面介绍的方法同时选中两个按钮,然后选择"格式"菜单→"对齐"菜单项→"顶端对齐"菜单项,将两个按钮的位置调整成顶端对齐。
- 选择 Text1 文本框→选择"格式"菜单→"在窗体中居中对齐"菜单项→"水平对齐"菜单项,将标签放置在窗体水平中间位置。

(7) 移去控件

选中某控件,按 Del 按钮删除控件,则窗体中控件被移去。

(8) 锁定控件

锁定控件是将窗体上所有的控件锁定在当前位置,以防止已处于理想位置的控件因不小心而移动。锁定控件的方法如下：

先选中单个或多个控件，单击"格式"菜单→"锁定控件"菜单项，如图1-6所示。
用鼠标右键单击窗体，在快捷菜单中单击"锁定控件"菜单项，用来锁定所有控件。
要解锁控件也是采用同样的方法，这是一个切换的菜单选项。

练习：
- 将两个按钮同时向上移动。
- 将两个按钮和文本框的大小设置为相同。

2. 设置界面上各个对象的属性

设置属性先选中要设置的控件或窗体，然后在属性窗口中修改各属性的值。

① 将文本框Text1属性窗口中的Text属性设置为空。

② 修改文本框Text1的属性窗口中的Font属性，单击 出现如图1-7所示的"字体"属性页。

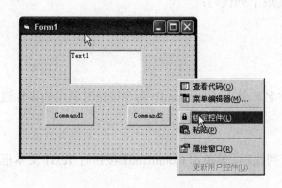 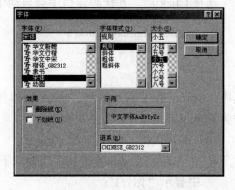

图1-6　锁定所有控件　　　　　　　　　图1-7　字体属性页

分别将"字体样式"和"大小"改成"粗体"和"小二"，则显示如图1-8所示。

③ 分别设置两个按钮的文本显示，将按钮Command1和Command2属性窗口中的Caption属性分别设置为"开始"和"结束"。

图1-8　改变文本框字体

练习：
- 将文本框Text1属性窗口中的BackColor和ForColor属性分别改成黄色和蓝色。
- 将窗体Form1属性窗口的Caption属性改为"你好"。

3. 编写程序代码

编写程序代码实现当单击Command1按钮时在文本框Text1显示"你好！"，单击Command2则在文本框Text1显示"再见！"，程序代码需要在代码编辑器中编写。

（1）打开代码编辑器窗口
- 双击要编写代码的窗体或控件。
- 单击"工程资源管理器窗口"工具栏的"查看代码"按钮。
- 选择"视图"菜单→"代码窗口"菜单项。

（2）生成事件过程

代码窗口有对象列表框和过程列表框，要编写的代码是在鼠标单击 Command1 按钮时发生的事件，因此在对象列表框选择 Command1，在过程下拉列表中选择 Click 事件，如图 1-9 所示。

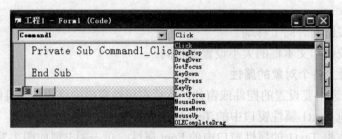

图 1-9　代码窗口

选择 Click 后，在代码窗口中会自动生成下列代码：

Private Sub Command1_Click( )

End Sub

其中，Command1 为对象名，Click 为事件名。单击 Command1 命令按钮时调用的事件过程为 Command1_Click 事件过程。

（3）编写代码

- 在 Sub 和 End Sub 语句之间输入下列代码，使单击 Command1 按钮时 Text1 文本框中显示"你好！"：

    Text1.Text = "你好！"

- 以同样的方法生成 Command2 按钮的单击事件过程，编写将 Text1 位置移到左上角并显示"再见！"的程序代码：

    Private Sub Command2_Click( )
    　　Text1.Text = "再见！"
    End Sub

练习：
- 单击按钮 Command1，将文本框中显示的内容修改为"欢迎使用 Visual Basic 6.0"。
- 修改程序代码如下，单击按钮 Command2 将文本框变为消失。

Text1.Visible =False

4. 保存应用程序

保存工程的步骤如下：

① 选择"文件"菜单→"保存工程"菜单项，出现"文件另存为"对话框，输入 shiyan1_1，单击"保存"按钮，则生成了 shiyan1_1.frm 窗体文件，如图 1-10（a）所示。

② 然后在弹出的"工程另存为"对话框中，输入 shiyan1_1，单击"保存"按钮，则

生成工程文件 shiyan1_1.vbp，如图 1-10（b）所示。

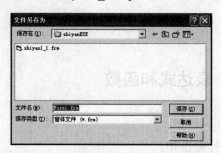
(a) 保存窗体文件

(b) 保存工程文件

图 1-10 保存工程

5. 运行并调试程序

运行程序有几种方法：
- 从"运行"菜单中选择"启动"菜单项。
- 单击工具栏中的 ▶ 按钮。
- 按 F5 键。

运行程序出现窗体 Form1 的运行界面，单击 Command2 则在 Text1 显示"再见！"，如图 1-11 所示。

图 1-11 运行界面

练习：
先单击 Command2 按钮，再单击 Command1 按钮，看程序的执行顺序如何。

6. 生成可执行文件

生成可执行文件的步骤如下：

① 选择"文件"菜单→"生成 shiyan1_1.exe"菜单项，在打开的"生成工程"对话框中使用"shiyan1_1.exe"文件名，则工程就编译成可脱离 Visual Basic（简称 VB）环境的 EXE 文件。

② 在 Windows 环境下查找 shiyan1_1.exe 文件，双击运行该文件。

7. 打印程序和窗体

有时用户需要将工程的窗体界面和程序代码打印出来，可以通过"打印"菜单来实现。
打印的步骤如下：

① 选择"打印"→"打印设置"菜单项，选择打印机及参数。

② 选择"打印"→"打印"菜单项，设置打印范围、打印内容和是否打印到文件等，就可以打印了。

实验 2 编程基础

2.1 常量、变量、表达式和函数

实验目的

（1）熟练掌握 Visual Basic 语句的标识符和注释语句。
（2）熟悉 Visual Basic 的各种数据类型。
（3）熟练掌握变量的声明和赋值。
（4）熟练掌握各种运算符的应用和优先顺序。
（5）掌握各种常用函数的功能、参数和返回值。

实验内容

Visual Basic 的数据类型多达 12 种，包括 Integer、Long、Single、Double、Currency、Byte、String（包括变长和定长）、Boolean、Date、Object 和 Variant。在使用常量和变量时，根据各种数据类型的存储空间和使用功能的不同，正确应用各种数据类型，在变量赋值时应注意数据类型的转换。

Visual Basic 的运算符包括算术运算符、关系运算符、连接运算符和逻辑运算符。表达式由运算符和运算数构成。应注意各种运算符的优先顺序。

Visual Basic 提供了大量的内部函数，包括算术函数、字符函数、日期与时间函数、类型转换函数和判断函数等，调用时应注意函数的参数顺序、个数以及返回值类型。

【实验 2-1】 输入角度计算并显示其正弦、余弦、正切、余切值。

1. 界面设计

在窗体界面上放置 5 个标签 Label1～Label5，5 个文本框 Text1～Text5 和 1 个按钮 Command1。使用"格式"菜单将所有控件安排整齐。

2. 设置属性

属性设置如表 2-1 所示。

表 2-1 属性设置

对象	控件名	属性名	属性值
Form	Form1	Caption	计算三角函数
Label	Label1	Caption	输入角度=
	Label2	Caption	正弦=
	Label3	Caption	余弦=
	Label4	Caption	正切=
	Label5	Caption	余切=
Text	Text1	Text	空
	Text2	Text	空

续表

对象	控件名	属性名	属性值
Text	Text3	Text	空
	Text4	Text	空
	Text5	Text	空
Command	Command1	Caption	计算

运行界面如图 2-1 所示。

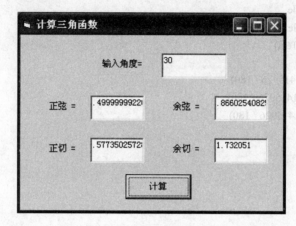

图 2-1 运行界面

3. 程序代码设计

双击 Form 窗口或单击"工程资源管理器"窗口中的"查看代码"按钮，打开代码编辑器窗口。

在单击按钮 Command1 的事件过程中添加代码，单击代码编辑器的对象列表框，在下拉列表中选择 Command1，如图 2-2（a）所示，单击过程列表框，在下拉列表中选择 Click 过程，如图 2-2（b）所示，在 Private Sub Command1_Click()后添加程序代码。

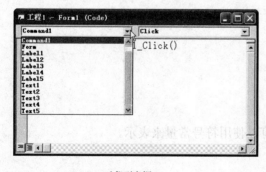

(a) 对象列表框

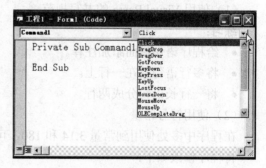

(b) 过程列表框

图 2-2 代码编辑器

要求：在文本框 Text1 中输入角度，单击 Command1 按钮进行三角函数的运算，并将结果显示在 Text2～Text4 中。

编写程序代码：
- 先声明变量，输入角度变量 x 和三角函数值变量 a、b、c、d。
- 然后从文本框输入数据，将文本框的字符串型转换为数值型。
- 再进行三角函数的运算。
- 最后将计算的结果显示在各文本框中。

```
Private Sub Command1_Click()
'单击按钮计算三角函数
    Dim x As Single
    Dim a As Single, b As Single, c As Single, d As Single
    x = Val(Text1.Text)
    '运算
    a = Sin(x * 3.1415926 / 180)
    b = Cos(x * 3.1415926 / 180)
    c = Tan(x * 3.1415926 / 180)
    d = 1 / c
    '显示结果
    Text2.Text = a
    Text3.Text = b
    Text4.Text = c
    Text5.Text = d
End Sub
```

程序分析：
- 由于三角函数和角度都可以有小数，因此使用 Single 型。
- 输入文本框的数据 Text1.Text 为字符型，用 Val 函数将其转换为数值型。
- 三角函数使用的都是弧度，因此必须转换为角度。
- 余切没有专门函数，用正切的倒数实现。

4. 修改程序
（1）使用 Visual Basic 的书写规范

练习：
- 给程序语句后面添加注释。
- 将多行语句放在一行上。
- 将一行长语句分成两行。

（2）使用符号常量

在程序中多处使用到常量 3.14 和 180，可以使用符号常量来表示。
将程序修改如下：

```
Private Sub Command2_Click()
'单击按钮计算三角函数
    Const PI = 3.1415926
    Const ANGLE = PI / 180
    Dim x As Single
```

```
Dim a As Single, b As Single, c As Single, d As Single
x = Val(Text1.Text)
a = Sin(x * ANGLE)
b = Cos(x * ANGLE)
c = Tan(x * ANGLE)
d = 1 / c
Text2.Text = a
Text3.Text = b
Text4.Text = c
Text5.Text = d
End Sub
```

（3）使用 Option Explicit 语句

在程序中使用了多个变量，每个变量都声明为 Single 型，如果没有声明变量就会自动定义为 Variant 型，为了避免遗漏声明变量，使用 Option Explicit 语句。

在代码窗口的对象列表框中选择"通用"，在模块的最前面输入：

Option Explicit

也可以选择"工具"菜单→"选项"菜单项，单击"编辑器"选项卡，选择"要求变量声明"复选框，如图 2-3 为"选项"窗口。当下次启动 Visual Basic 后，就在任何新模块中自动插入了 Option Explicit 语句。

练习：
- 使用隐式声明对各变量进行声明。
- 如果将变量 a、b、c、d 声明为 Integer 型，则显示的运算结果如何？

（4）显示两位小数并四舍五入

在图 2-1 中可以看到计算的三角函数显示了多位小数，如果只要在文本框中显示两位小数并四舍五入，则程序应修改为：

```
Text2.Text = Int(a * 100 + 0.5) / 100
Text3.Text = Int(b * 100 + 0.5) / 100
Text4.Text = Int(c * 100 + 0.5) / 100
Text5.Text = Int(d * 100 + 0.5) / 100
```

显示的运行结果如图 2-4 所示。

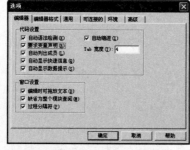

图 2-3　"选项"窗口

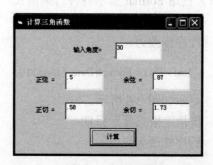

图 2-4　运行界面

练习：
如果显示 3 位小数而不四舍五入，将小数都舍弃，则应如何修改？

【实验 2-2】 制作一个显示日期和星期的界面，并显示离国庆节的间隔天数。

1. 界面设计

在窗体界面上放置 5 个标签 Label1～Label5，4 个文本框 Text1～Text4 和 1 个按钮 Command1。

2. 属性设置

运行界面如图 2-5 所示，各属性值根据界面来设置，在此不再详述。

3. 程序代码设计

要求：单击按钮 Command1 在文本框 Text1 中显示日期，在 Text2 中显示时间，在 Text3 中显示星期，计算与国庆节的日期间隔显示在 Text4 中。在 Command1 的 Click 事件中输入程序代码如下：

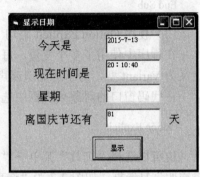

图 2-5　运行界面

```
Private Sub Command1_Click()
'单击按钮显示时间
    Dim Today As Date, OtherDay As Date
    Today = Now
    Text1.Text = Date
    Text2.Text = Hour(Now) & "：" & Minute(Now) & ":" & Second(Now)
    Text3.Text = Weekday(Date, VbMonday)
    OtherDay = CDate(Year(Date) & "/10/1")
    Text4.Text = OtherDay – Date + 1
End Sub
```

程序分析：
- Date 函数为系统当前的日期，Now 为系统当前的日期和时间。
- Weekday 函数用来计算星期几。
- CDate 函数用来将字符串转换为 Date 型。
- 两个日期型变量相减所得为数值型。

4. 修改程序

（1）使用 Format 显示各种日期格式
- 按完整格式显示日期
  程序修改为

    Text1.Text = Format(Date, "dddddd")

  显示如图 2-6 所示。
- 按指定格式显示日期
  程序修改为

    Text1.Text = Format(Date, "mm-dd-yy")

显示如图 2-7 所示。

图 2-6　日期显示（完整格式） 　　　图 2-7　日期显示（指定格式）

练习：

使用 Format 按指定格式显示时间。

（2）使用判断函数查看各种变量的数据类型

在窗体界面中增加一个文本框 Text5，在 Text5 中显示判断数据类型的结果。

- 查看 OtherDay 是否为 Date 型

    Text5.Text = IsDate(OtherDay)

- 查看 OtherDay-Date 是否为数值型

    Text5.Text = IsNumeric(OtherDay - Date)

练习：

查看 Text1.Text、Text2.Text、Text3.Text、Text4.Text 的数据类型。

2.2　输入函数和输入方法

实验目的

（1）熟练掌握 InputBox 和 MsgBox 函数的语法和返回值。
（2）掌握 Print 方法的显示格式。

实验内容

在学习控件之前，使用 InputBox、MsgBox 函数和 Print 方法也可以方便地实现人机交互。

【实验 2-3】　使用 MsgBox 函数显示消息框的各种图标和按钮。

1．界面设计

在窗体界面上放置 4 个按钮 Command1～Command4。

要求：单击 Command1 按钮显示带"关键"图标的消息框，单击 Command2 按钮显示带"疑问"图标的消息框，单击 Command3 按钮显示带"警告"图标的消息框，单击 Command4 按钮显示带"通知"图标的消息框。

2．属性设置

设置各按钮的 Caption 属性，运行界面如图 2-8 所示。

3．程序代码设计

在单击各按钮时出现不同的消息框，在各按钮的单击事件中添加程序代码：

Private Sub Command1_Click()

```
        MsgBox "关键消息框", vbOKOnly + vbCritical, "关键信息"
End Sub

Private Sub Command2_Click()
        MsgBox "疑问消息框", vbOKCancel + vbQuestion, "疑问信息"
End Sub

Private Sub Command3_Click()
        MsgBox "警告消息框", vbRetryCancel + vbExclamation, "警告信息"
End Sub

Private Sub Command4_Click()
        MsgBox "通知消息框", vbAbortRetryIgnore + vbInformation, "通知信息"
End Sub
```

图 2-8　运行界面

显示的消息框如图 2-9 所示。

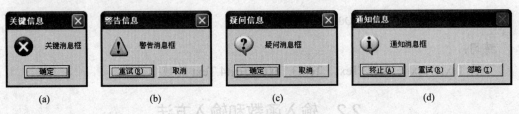

图 2-9　消息框

程序分析：
- 使用 MsgBox 当作方法使用，没有返回值。
- 在代码编辑器窗口函数的参数会自动显示，如图 2-10 所示，显示 MsgBox 函数的参数。

图 2-10　代码编辑器窗口

练习：
- 将 MsgBox 当作函数使用，即加括号并有返回值应如何修改程序。
- 设置 MsgBox 函数的默认按钮，查看单击消息框中的不同按钮时的返回值。

【实验 2-4】　运行下列过程，比较各个函数的使用异同。

```
Private Sub Form_Click()
        Print Asc("A"), Chr(65)
```

```
    Print Str(123.45), Len(Str(123.45))
    Print CStr(123.45), Len(CStr(123.45))
    Print Int(2.5), CInt(2.5), Fix(2.5)
    Print Int(2.9), CInt(2.9), Fix(2.9)
    Print Int(–2.5), CInt(–2.5), Fix(–2.5)
End Sub
```

练习：

执行以下程序，观察运行结果。

```
Private Sub Form_Click()
    For i = –2 To 2
        Print I          语句1
    Next i
    Print I       语句2
End Sub
```

若将语句 1 改为 print I; 或 print I,，观察执行结果的输出位置。

【实验 2-5】 使用 InputBox 函数输入学生的学号和姓名，并将其年级、班级、在班级的序号显示出来。学号共 8 位，前 4 位为入学年份，紧跟的 2 位为班级，最后 2 位为班级的序号。

1．界面设计

设计一个空白的窗体界面。

功能要求：单击窗体时，就出现 InputBox 输入框输入学号和姓名，例如图 2-11（a）为输入学号的输入框界面，图 2-11（b）为输入姓名的输入框界面，取出其年级、班级和班级排号，在窗体中用 Print 方法显示。

(a) 输入学号

(b) 输入姓名

图 2-11 输入学号和姓名

2．程序代码设计

在窗体的单击事件中添加程序代码，出现输入学号和姓名的输入框，然后根据所输入的学号将其中的年级、班级和序号取出，在窗体中显示出来。

程序代码如下：

```
Private Sub Form_Click()
'单击窗体
    Dim Number As String, Name As String
```

```
Dim Grade As String, Class As String, No As String
Number = InputBox("请输入你的学号", "输入学号", "20010101")
Name = InputBox("请输入你的姓名", "输入姓名")
Grade =Year(Date) - Left(Number, 4)+1
Class = Mid(Number, 5, 2)
No = Right(Number, 2)
Print "姓名：" & Name
Print Grade & "年级"
Print Class & "班"
Print No & "号"
End Sub
```

程序分析：

- 使用 Left、Mid、Right 函数在字符串中取字符。
- 年级由入学年份计算得出。

在输入学号的输入框（图 2-11（a））中使用默认的输入值，输入姓名的输入框（图 2-11（b））中输入"李小明"。其运行的结果如图 2-12 所示。

图 2-12　运行界面

3．修改程序

（1）用 Left 函数取最右边 2 位

将程序中用 Right 函数取最右边 2 位改成用 Left 函数，在 Form_Click 事件程序代码中添加如下语句：

```
Dim Length As Integer
Length = Len(Number)
No = Left(Number, 2)
```

练习：

- 使用 Left 函数取班级。
- 使用 Mid 函数取最前 4 位。

（2）使用 Print 语句按格式显示

- 使用 Format 函数不显示班级和排号前面的"0"

程序修改如下：

```
Print Format(Class, "##") & "班"
Print Format(No, "##") & "号"
```

- 使用 Spc 函数和 Tab 函数

其显示见图 2-10 所示的格式，程序修改如下：

```
Print Tab(8); "姓名："; Tab(20); Name
Print Tab(8); "年级："; Tab(20); Grade; "年级"
Print Tab(8); "班级："; Tab(20); Format(Class, "##"); "班"
```

Print Tab(8); "排号："; Tab(20); Format(No, "##"); "号"

练习：
- 使用 Spc 函数实现图 2-13 所示的格式。
- 使用 "," 来显示各行。

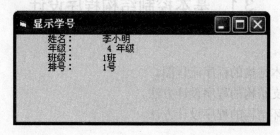

图 2-13　运行界面

2.3　综合练习

【实验 2-6】　根据输入的半径长度计算圆周长和圆面积。

在窗体上放置 3 个 Label1 控件、3 个 TextBox 控件和 3 个 CommandButton 控件，如图 2-14 所示。

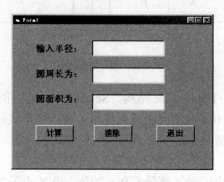

图 2-14　运行界面

【实验 2-7】　已知三角形三边为 a、b、c，求三角形面积的计算公式如下：
S=L·(L–a)·(L–b)·(L–c)，其中 L=(a+b+c)/2，设 a=2，b=3，c=1.5，用 InputBox 函数输入数据，设计界面并编程求运行结果。

【实验 2-8】　从键盘输入任意一个大写字母，要求改用小写字母输出。注：Visual Basic 提供了一个标准函数 Lcase(x)，可以将大写字母转换成小写字母。

实验 3　基本控制结构

3.1　基本控制结构程序设计

实验目的

（1）掌握 3 种基本结构的程序流程图。
（2）熟练掌握分支结构的程序设计方法。
（3）熟练掌握循环结构的程序设计方法。

实验内容

Visual Basic 是结构化的程序设计语言，有 3 种基本控制结构：顺序结构、分支结构和循环结构，循环结构又分"当型"循环和"直到型"循环。其程序流程图如图 3-1 所示。

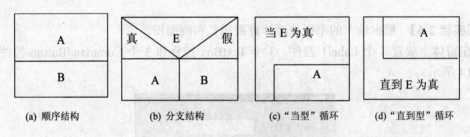

(a) 顺序结构　　(b) 分支结构　　(c) "当型"循环　　(d) "直到型"循环

图 3-1　程序流程图

分支结构主要有：If…Then…Else 结构、Select Case 结构和 If 函数。循环结构主要有 Do…Loop 和 For…Next 结构。有的问题可以使用多种结构形式解决，有的问题只能使用某种结构实现，根据不同的情况灵活使用不同的结构形式。

【实验 3-1】 单分支结构。输入变量 x 和 y 的值，当 X 小于 Y 时，把 X 与 Y 的值互换。

```
Private Sub Form_Click()
Dim x As Integer, y As Integer
x = InputBox("X=")
y = InputBox("Y=")
    If x < y Then
        t = x: x = y: y = t
    End If
    Print "X="; x; "Y="; y
End Sub
```

练习：

实验 3-1 中，

```
If x < y Then
    t = x: x = y: y = t
End If
```

是否可以用 If x < y Then   t = x: x = y: y = t 替换？

【实验 3-2】 运行下列程序，深入体会循环变量的初值、终值和步长取值的变化情况。

```
Private Sub Form_Click()
Dim x As Integer, y As Integer, z As Integer
x = 3: y = 4: z = 15
For i = x To z Step y
    i = i + 3
    x = x + 3
    y = y + 3
    z = z + 3
Next i
Print "i="; i; "x="; x; "y="; y; "z="; z
End Sub
```

【实验 3-3】 将输入的字符串反向显示。

1. 界面设计

放置 2 个标签（Label1、Label2），2 个文本框（Text1、Text2）和 1 个按钮（Command1）。文本框 Text1 用于输入，文本框 Text2 用于显示反向后的字符串。根据图 3-2（a）来设置标签和按钮的 Caption 属性，并将文本框的 Text 属性设置为空。

2. 程序代码设计

功能要求：单击按钮 Command1，进行字符串反向运算，并在文本框 Text2 中显示反向后的字符串。运行结果如图 3-2（a）所示。

程序流程图如图 3-2（b）所示。

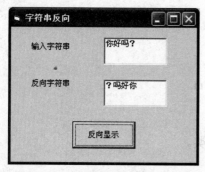
(a) 运行界面

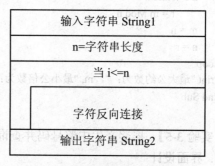
(b) 流程图

图 3-2 字符串取反

程序代码如下：

```
Option Explicit
Private Sub Command1_Click()
    Dim String1 As String, String2 As String
    Dim i As Integer, n As Integer
    String1 = Text1.Text
    n = Len(String1)                    '取字符串长度
    For i = 1 To n
        String2 = Mid(String1, i, 1) & String2
    Next i
    Text2.Text = String2
End Sub
```

程序分析：
- For 循环的次数是由字符串的长度 n 决定的。
- 用 Mid 函数每次从字符串中第 i 个位置取一个字符。

练习：
使用 Do…Loop 结构来实现循环。

【实验 3-4】 求两个数 m、n 的最大公约数和最小公倍数。

```
Private Sub Form_Click()
    Dim m As Integer: Dim n As Integer
    Dim t As Integer, r As Interger, mn As Interger
    m = InputBox("请输入M值", , , 100, 120)
    n = InputBox("请输入N值", , , 100, 200)
    If n <= 0 Or m <= 0 Then
        Print ""
        End
    End If
    mn = m * n
    If m < n Then t = m: m = n: n = t
    Do While n <> 0
        r = m Mod n
        m = n
        n = r
    Loop
    Print "最大公约数为：", m, "最小公倍数为：", mn / m
End Sub
```

【实验 3-5】 摇奖产生中奖号码并查询是否中奖。

1. 界面设计

在窗体界面中放置 1 个标签 Label1、1 个文本框 Text1 和 1 个按钮 Command1。

2. 属性设置

界面控件的属性设置如表 3-1 所示。

表 3-1 属性设置表

对象	控件名	属性名	属性值
Form	Form1	Caption	摇奖
Label	Label1	Caption	中奖号码
Text	Text1	Text	空

3. 程序代码设计

功能要求：单击 Command1 按钮产生中奖号码显示在文本框 Text1 中，通过循环产生 3 位随机数组成中奖号码。运行界面如图 3-3 所示。

程序流程图如图 3-4 所示。

图 3-3 运行界面

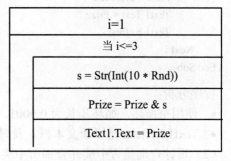

图 3-4 流程图

程序代码如下：

```
Option Explicit
Private Sub Command1_Click()
    '单击按钮开始摇奖
    Dim i As Integer, s As Integer
    Dim Prize As String
    For i = 1 To 3
        Randomize
        s = Str(Int(10 * Rnd))              '产生0～9 的随机数
        Prize = Prize & s
        Text1.Text = Prize
    Next i
End Sub
```

程序分析：

- Rnd 为产生随机数的函数，使用 Randomize 语句来初始化随机数生成器，使每次产生的随机数都不同。
- 用&符号连接字符串。

4. 修改程序

（1）增加延时程序

为了产生摇奖的效果，使每次号码中间产生时间间隔，可以使用空的 For 循环来实现。

程序修改如下：

```
Private Sub Command1_Click()
    '单击按钮开始摇奖
    Dim i As Integer, s As Integer
    Dim j As Single
    Dim Prize As String
    For i = 1 To 3
        For j = 0 To 1000 Step 0.0001     '产生时间间隔
        Next j
        Randomize
        s = Str(Int(10 * Rnd))             '产生0~9 的随机数
        Prize = Prize & s
        Text1.Text = Prize
        Text1.Refresh                      '刷新文本框
    Next i
End Sub
```

程序分析：
- 使用空循环，循环步长为 0.0001。
- Text1.Refresh 是刷新文本框，及时刷新文本框的文本内容。

（2）设计查询是否中奖并查询所中奖的等级

界面设计：窗体界面增加 1 个标签 Label2，2 个文本框 Text2、Text3 和 1 个按钮 Command2。

功能要求：从文本框 Text2 中输入奖券号码，单击 Command2 按钮，查询是否中奖及中奖的等级，与中奖号码相同的为一等奖；前 2 位相同为二等奖；前 1 位相同为三等奖。将中奖信息在文本框 Text3 中显示。程序运行时界面如图 3-5（a）所示，程序流程图如图 3-5（b）所示。

(a) 运行界面

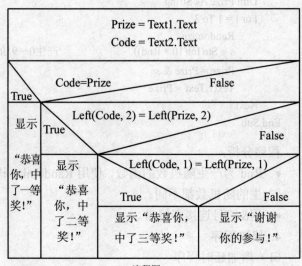

(b) 流程图

图 3-5　摇奖程序

程序代码如下：

```
Private Sub Command2_Click()
    '单击按钮查询中奖
    Dim Code As String, Prize As String
    Prize = Text1.Text
    Code = Text2.Text
    If Code = Prize Then
        Text3.Text = "恭喜你,中了一等奖!"
    ElseIf Left(Code, 2) = Left(Prize, 2) Then       '前2位相同
        Text3.Text = "恭喜你,中了二等奖!"
    ElseIf Left(Code, 1) = Left(Prize, 1) Then       '前1位相同
        Text3.Text = "恭喜你,中了三等奖!"
    Else
        Text3.Text = "谢谢你的参与!"
    End If
End Sub
```

练习：

使用 Select Case 结构实现查询中奖的程序。

（3）修改中奖的条件

修改中奖的条件：与中奖号码相同的为一等奖；有 2 位相同为二等奖；有 1 位相同为三等奖。由于中奖的情况分为多种：二等奖有 2 位相同，可以有 3 种情况；三等奖有 1 位相同，也有 3 种情况。

程序代码修改如下：

```
Private Sub Command2_Click()
    '单击按钮查询中奖
    Dim Code As String, Prize As String
    Prize = Text1.Text
    Code = Text2.Text
    If Code = Prize Then
        Text3.Text = "恭喜你,中了一等奖!"
    ElseIf Code Like Left(Prize, 2) & "?" Then
        Text3.Text = "恭喜你,中了二等奖!"
    ElseIf Code Like Left(Prize, 1) & "?" & Right(Prize, 1) Then
        Text3.Text = "恭喜你,中了二等奖!"
    ElseIf Code Like "?" & Right(Prize, 2) Then
        Text3.Text = "恭喜你,中了二等奖!"
    ElseIf Code Like Left(Prize, 1) & "??" Then
        Text3.Text = "恭喜你,中了三等奖!"
    ElseIf Code Like "?" & Mid(Prize, 2, 1) & "?" Then
        Text3.Text = "恭喜你,中了三等奖!"
    ElseIf Code Like "??" & Right(Prize, 1) Then
        Text3.Text = "恭喜你,中了三等奖!"
    Else
```

```
            Text3.Text = "谢谢你的参与!"
        End If
End Sub
```

程序分析：Like 运算符用来进行字符匹配的运算，"？"表示匹配单个字符。

练习：

使用 If 结构嵌套实现上面的查询中奖，程序应如何修改。

3.2 综合练习

【实验 3-6】 三数排序。请输入 3 个任意数，按从大到小顺序输出。
要求：设计程序界面，画出流程图，再依图编制程序上机调试，验证程序的正确性。

【实验 3-7】 计算税款。国家规定，收税标准如下：

收入	超出部分税率
1000 以下	0
1000≤s<1500	5%
1500≤s<2000	10%
2000≤s<2500	15%
2500≤s<5000	20%
5000 以上	25%

本题是一个典型的多分支情况，如果使用嵌套的 If 结构，层次复杂，容易产生 If 和 End If 不匹配的语法错误。因此建议使用 If…Then…Else If 结构或 Select Case 结构。

【实验 3-8】 编写程序为一用近似公式求 e=1+1/1!+1/2!+…+1/N!，要求误差小于 1E-5。

【实验 3-9】 编程计算 PI/2=2/1*2/3*4/3*4/5*6/5*6/7…2n/2n-1 * 2n/2n+1…（循环次数为 10000 次式或值与 1 之差小于 0.0001）。

实验 4　基本控件（1）

4.1　窗　体

实验目的

（1）熟练掌握窗体的常用属性。
（2）熟练掌握窗体的装载和卸载。
（3）掌握为窗体添加事件代码。

实验内容

窗体是构成应用程序界面的最基本组成，创建工程的第一步就是设计窗体，窗体的属性就是外观和特性，通过设置属性来布置界面；通过窗体的事件可以进行初始化应用程序和关闭应用程序。

运行工程就要装载窗体，窗体的方法有装载和卸载。

【实验 4-1】　创建人员管理初始界面。

1. 界面设计

创建窗体界面，在窗体中放置 1 个标签 Label1 和 2 个按钮，Command1 按钮为"窗体闪烁"，Command2 按钮为"退出"。

2. 设置属性

属性设置如表 4-1 所示。

表 4-1　属性设置表

控件名	属性名	属　性　值	控件名	属性名	属　性　值
Form1	Caption	人员管理	Command1	Caption	窗体闪烁
Label1	Caption	欢迎使用人员管理系统	Command2	Caption	退出

运行界面如图 4-1 所示。

3. 程序代码设计

程序代码如下：

单击"窗体闪烁"按钮 Command1 将窗体隐藏，延时一会儿再将窗体显示。

```
Private Sub Command1_Click()
'单击按钮隐藏并显示窗体
    Dim i As Single
    Form1.Hide
    For i = 0 To 1000 Step 0.0001
```

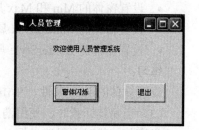

图 4-1　运行界面

```
    Next i
    Form1.Show
End Sub
```

单击"退出"按钮 Command2 卸载窗体。

```
Private Sub Command2_Click()
'单击退出
    Unload Me
End Sub
```

程序分析：
- 使用窗体的 Hide 方法隐藏窗体，Show 方法显示窗体。
- 使用空的 For 循环可以产生时间间隔。

4. 修改程序

（1）在窗体界面中显示图片

在窗体中添加图片可以在属性窗口设置 Picture 属性。

也可以在程序代码中添加图片，在界面中增加按钮 Command3 "添加图片"，并编写程序如下，运行界面如图 4-2 所示。

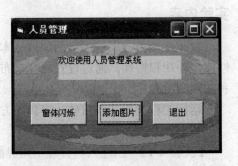

图 4-2 运行界面

```
Private Sub Command3_Click()
'添加图片
    Form1.Picture = LoadPicture("c:\program files\" _
    & "microsoft office\office\bitmaps\styles\globe.wmf")
End Sub
```

程序分析：
- 使用 LoadPicture 语句装载图片。
- 当一行语句需要分两行，如果是字符串，则在两行的首尾加"符号，并在第二行的开头加&符号。

（2）设置窗体的控制框
- 设置窗体的 Min 和 Max 属性，将其设置为 False，隐藏最小化和最大化按钮。
- 设置窗体的 ControlBox 属性，将其设置为 False，控制框就消失。
- 设置窗体的 BorderStyle 属性，将其设置为 0、1、3、4、5，控制框消失。

练习：
设置窗体的 Icon 属性，单击"最小化"按钮查看图标。

（3）当窗体卸载时，使用消息框来确认

当窗体卸载时出现消息框，在消息框中单击"确定"按钮，则卸载窗体；单击"取消"按钮，则取消卸载窗体。

添加程序代码如下：

```
Private Sub Form_Unload(Cancel As Integer)
```

'卸载窗体
    Dim Answer As Integer
    Label1.Caption = "再见!"
    Answer = MsgBox("正在卸载窗体, 是否确定? ", vbOKCancel, "卸载窗体")
    If Answer = 1 Then
        Cancel = 0
    Else
        Cancel = 1
    End If
End Sub

(4) 增加一个"显示文字"按钮

在窗体中增加一个按钮 Command4"显示文字",单击该按钮时用 Print 方法显示文字,则程序代码如下:

Private Sub Command4_Click()
'单击显示文字按钮
    Form1.FontSize = 20
    Print "窗体显示文字"
End Sub

运行程序,当单击"显示文字"按钮,在窗体显示文字。如果单击"窗体闪烁"则窗体再次显示时文字就消失,为了使显示的文字能保留,修改程序如下:

Private Sub Form_Load()
'装载窗体
    Form1.AutoRedraw = True
End Sub

4.2 标签、文本框和按钮

实验目的

(1) 熟练掌握标签、文本框和按钮的属性。
(2) 熟练掌握文本框和按钮的事件代码。

实验内容

标签 (Label) 用于显示不能编辑的文本信息; 文本框 (TextBox) 用于接受用户输入的信息, 或显示文本信息。命令按钮 (Command) 通常用于当用户单击时完成某种功能。

【实验 4-2】 创建工资的查询界面, 需要输入工号和密码查询当月工资。

1. 界面设计

创建窗体界面, 在窗体中放置 3 个文本框, Text1 和 Text2 分别用来输入工号和密码,

Text3 用来显示当月工资信息；并放置 2 个标签和 2 个按钮"确定"Command1 和"取消"Command2。

功能要求：单击"确定"按钮 Command1，如果输入的工号和密码正确，文本框 Text3 就显示相应的信息；单击"取消"按钮 Command2 就清除 Text1 和 Text2 内容。

2. 设置属性

属性设置如表 4-2 所示。

表 4-2 属性设置表

控件名	属性名	属性值	控件名	属性名	属性值
Form1	Caption	查询工资	Text1	Text	空
Label1	Caption	工号	Text2	Text	空
Label2	Caption	密码		PasswordChar	*
Command1	Caption	确定	Text3	Text	空
Command2	Caption	取消		Visible	False
				MultiLine	True

Text2 用来输入密码，输入的字符用*显示；Text3 用来显示多行文本，而且程序启动时不显示。运行界面如图 4-3 所示。

3. 程序代码设计

程序代码如下：

单击"确定"按钮，当输入"工号"为 825，"密码"为 111111 时，显示本月工资信息；否则显示错误信息。

图 4-3 运行界面

```
Private Sub Command1_Click()
'单击确定按钮
    Text3.Visible = True
    If   Text1.Text = 825 And Text2.Text = 111111
    Then Text3.Text = "工号为825" & Chr(13) + Chr(10)
         Text3.Text =Text3.Text & "本月工资2600元"
    Else
         Text3.Text = "对不起，您的工号与密码不符"
    End If
End Sub
```

单击"取消"按钮将文本框清空，Text3 隐藏。

```
Private Sub Command2_Click()
'单击取消按钮
    Text1.Text = ""
    Text2.Text = ""
    Text3.Visible = False
End Sub
```

程序分析：Chr（13）+ Chr（10）用来显示换行，或者使用 VB CrLf 也可以用来换行。

练习：
用 VBcrlf 来代替换行符，修改程序。

4. 修改程序

（1）使用 With 结构

使用 With 结构来简化程序，Command1_Click 事件的程序代码修改如下：

```
Private Sub Command1_Click()
'单击确定按钮
    With Text3
        .Visible = True
        If Text1.Text = 825 And Text2.Text = 111111 Then
            .Text = "工号为825" & Chr(13) + Chr(10)
            .Text =   .Text & "本月工资2600元"
        Else
            .Text = "对不起，您的工号与密码不符"
        End If
    End With
End SubEnd Sub
```

练习：
使用控件的值属性，修改 Command1_Click 事件的程序代码。

（2）设置按钮的访问键和图形

- 在"确定"按钮 Command1 和"取消"按钮 Command2 上设置访问键，分别为 Alt+O 键和 Alt+C 键，将 Command1 的 Caption 改为"确定 & O"，Command2 的 Caption 改为"取消& C"。
- 给"确定"按钮加图形，给按钮加图形需要将 Command1 的 Style 属性设置为 1-Graphic，然后在 Picture 属性中设置图片 。

练习：
将"确定"按钮设置为默认按钮，"取消"按钮设置为取消按钮。

（3）验证文本框输入的合法性

在文本框 Text1 失去焦点时验证输入数据的合法性，如果输入的是数值，不超过 6 位则输入合法，如果不合法，用消息框显示提示，并将焦点设置到文本框 Text1 上。

程序代码添加如下：

```
Private Sub Text1_LostFocus()
'失去焦点验证数据的合法性
    If Not IsNumeric(Text1.Text) Then
        Text1.SetFocus
        MsgBox "输入的工号应是数字", vbOKOnly, "输入出错"
    ElseIf Len(Text1.Text) > 6 Then
        Text1.SetFocus
        MsgBox "输入的工号超过6个", vbOKOnly, "输入出错"
```

```
        End If
End Sub
```

4.3 选项按钮、复选框和框架

实验目的

（1）熟练掌握选项按钮、复选框和框架的常用属性。
（2）熟练掌握选项按钮和复选框的事件。

实验内容

选项按钮用于从一组互斥的选项按钮中选取其一，又称为单选按钮。复选框与选项按钮不同，可以从一组复选框中同时选中多个选项。框架控件可以与选项按钮和复选框组合使用，当作其他控件的容器用于分组。

选项按钮、复选框和框架的属性主要是 Value 属性、Style 属性和 Picture 属性，事件主要是 Click。

【实验 4-3】 使用选项按钮查看复选框的属性。

1. 界面设计

在窗体中用框架 Frame1 放置 3 个复选框 Check1～Check3，用来选择"爱好"；2 组选项按钮用 2 个框架 Frame2、Frame3 分组；3 个选项按钮"选中"Option1、"未选中"Option2、"不能选中"Option3 为一组；2 个选项按钮"靠左"Option4、"靠右"Option5 为一组。

2. 属性设置

属性设置如表 4-3 所示，运行界面如图 4-4 所示。

表 4-3 属性设置表

控件名	属性名	属性值	控件名	属性名	属性值
Form1	Caption	使用复选框	Option4	Caption	靠左
Check1	Caption	音乐	Option5	Caption	靠右
Check2	Caption	体育	Option1	Caption	选中
Check2	Caption	美术	Option2	Caption	未选中
Frame1	Caption	爱好	Option3	Caption	不能选中
Frame2	Caption	选中状态	Frame3	Caption	对齐

3. 程序代码设计

功能要求：单击选项按钮"靠左"或"靠右"则复选框显示靠左或靠右；单击选项按钮"选中"、"未选中"和"不能选中"，则复选框显示选中、未选中和不能选中状态。

程序代码如下：

```
Private Sub Option1_Click()
'单击选中按钮
    Check1.Value = 1
```

```
        Check2.Value = 1
        Check3.Value = 1
End Sub

Private Sub Option2_Click()
'单击未选中按钮
        Check1.Value = 0
        Check2.Value = 0
        Check3.Value = 0
End Sub

Private Sub Option3_Click()
'单击不能选中按钮
        Check1.Value = 2
        Check2.Value = 2
        Check3.Value = 2
End Sub

Private Sub Option4_Click()
'单击靠左按钮
        Check1.Alignment = 0
        Check2.Alignment = 0
        Check3.Alignment = 0
End Sub

Private Sub Option5_Click()
'单击靠右按钮
        Check1.Alignment = 1
        Check2.Alignment = 1
        Check3.Alignment = 1
End Sub
```

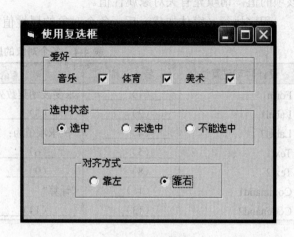

图 4-4　运行界面

4. 修改程序

（1）修改选项按钮和复选框的属性
- 将选项按钮和复选框的 Style 属性设置为 1-Graphic，则出现按钮的形式。
- 设置选项按钮的 Enabled 属性为 False。

（2）修改框架的属性

设置框架的 Enabled 属性为 False，查看框架内控件的状态。

练习：

按 Tab 键查看各控件的 TabIndex 顺序，修改 TabIndex 属性值然后查看顺序。

4.4　综合练习

【实验 4-4】　设计一个界面求递归函数斐波纳契数列（1，1，2，3，5，8，13，…）

某一项的值。界面如图 4-5 所示,要求在一个文本框中输入项数,在另一个文本框中显示该项的值,请填充有关对象属性值。

程序执行(窗体加载)后,各个对象的属性值如表 4-4 所示,请填表。

表 4-4 各个对象的属性值

设计时可见属性	名 称	Caption	Text	Defult
Form1	(1)	求斐波纳契数列某一项的值	****	***
Label1	(2)	(3)	***	***
Label2	(4)	"所求项值为:"	***	***
Text1	(5)	(6)	(7)	***
Text2	(8)	(9)	(10)	***
Command1	(11)	"计算"	***	(12)
Command2	(13)	(14)	***	(15)

【实验 4-5】窗体如图 4-6 所示,完善程序,单击单选按钮使文本框的背景色改变颜色。

图 4-5

图 4-6

```
Private Sub Command1_Click()
    Unload Me
End Sub
Private Sub opblue_Click()
    Text1.BackColor = vbBlue
End Sub
Private Sub opred_Click()
    _____
End Sub
```

设界面建立时,控件的建立顺序是:文本框、单选按钮、命令按钮。在图 4-6 所示状态下,焦点在_____控件上面。按 3 次 Tab 键,则焦点的变换次序是_____。

实验 5 基本控件（2）

5.1 列表框和组合框

实验目的

（1）熟练掌握列表框和组合框的常用属性。
（2）熟练掌握列表框和组合框的方法。
（3）学会使用对象浏览器。

实验内容

列表框用于列出可供用户选择的项目列表，用户只能从下拉列表中选择列表项来输入。组合框是列表框和文本框的组合，功能比列表框更强大，用户既可以自己输入，也可以选择列表项来输入。

列表框与组合框的属性基本相似，主要是用来设置列表项，包括 List、Text、ListIndex、ListCount。列表框与组合框的方法和事件也基本相似，主要是添加和删除列表项的方法 AddItem 和 RemoveItem，常用事件是 Click 事件。

【实验 5-1】 创建人员管理的输入界面。

1. 界面设计

在窗体中放置 3 个文本框，Text1 和 Text2 用来输入人员的工号和姓名，Text3 用来显示人员的信息；2 个标签 Label1 和 Label2；2 个选项按钮 Option1 和 Option2 用来输入性别，用框架 Frame1 将选项按钮分为一组；组合框 Combo1 用来输入部门；Command1 为"显示"按钮。

2. 属性设置

属性设置如表 5-1 所示。

表 5-1 属性设置表

控件名	属性名	属性值	控件名	属性名	属性值
Form1	Caption	人员信息输入	Text1	Text	空
Label1	Caption	工号	Text2	Text	空
Label2	Caption	姓名	Combo1	Text	生产部门
Label3	Caption	部门		List	财务部门
Frame1	Caption	性别			行政部门
Option1	Caption	男			人事部门
	Value	True			销售部门
Option2	Caption	女			开发部门
Text3	Text	空			生产部门
	MultiLine	True	Command1	Caption	显示

运行界面如图 5-1 所示。

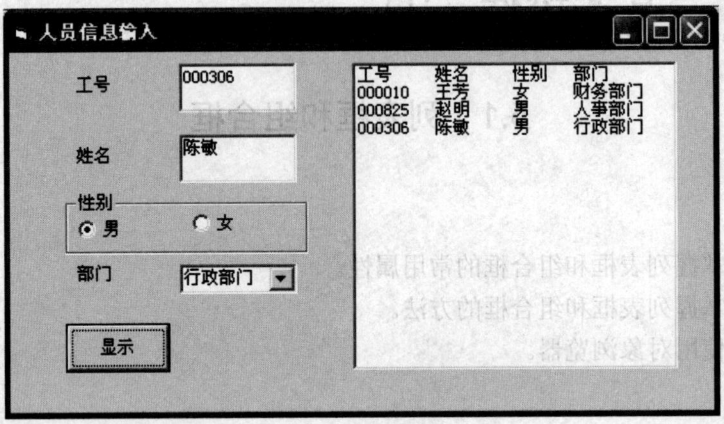

图 5-1 运行界面

3. 程序代码设计
功能要求：单击"显示"按钮，将多个人员信息显示在文本框 Text3 中。
程序代码如下：
在装载窗体时将初始文字显示在文本框 Text3 中。

```
Private Sub Form_Load()
'装载窗体
    Text3.Text = "工号      " & "姓名      " & "性别    " & "部门      " & _
    Chr(13) + Chr(10)
End Sub
```

单击"显示"按钮，取各控件的输入值，显示在文本框 Text3 中。

```
Private Sub Command1_Click()
'单击显示按钮
    Dim s As String
    s = Text1 & "    " & Text2 & "      "
    If Option1.Value = True Then
        s = s & "男" & "      "
    Else
        s = s & "女" & "      "
    End If
    s = s & Combo1.Text
    Text3.Text = Text3.Text & s & Chr(13) + Chr(10)
End Sub
```

程序分析：Combo1.Text 是组合框显示的字符串。

4. 修改程序

（1）将文本框 Text3 换成列表框 List1

程序代码如下：

```
Private Sub Form_Load()
'装载窗体
    List1.AddItem "工号      " & "姓名      " & "性别     " & "部门        "
End Sub
```

单击"显示"按钮，使用添加列表项的方法将每人的信息添加到列表框中。

```
Private Sub Command1_Click()
'单击显示按钮
    Dim s As String
    s = Text1 & "     " & Text2 & "        "
    If Option1.Value = True Then
        s = s & "男" & "      "
    Else
        s = s & "女" & "      "
    End If
    s = s & Combo1.Text
    List1.AddItem s
End Sub
```

练习：

将组合框 Combo1 的 List 属性清空，在装载窗体的事件中添加列表项。

（2）增加两个按钮来删除列表项

增加两个按钮"删除"Command2 和"清除全部"Command3，分别用来删除列表项和清除所有列表项。程序代码如下：

```
Private Sub Command2_Click()
'删除列表项
    List1.RemoveItem List1.ListIndex
End Sub


Private Sub Command3_Click()
'清除全部列表项
    List1.Clear
End Sub
```

程序分析：List1.ListIndex 是当前所选中的列表项。

（3）修改组合框和列表框的显示格式

- 设置组合框的样式。设置组合框的样式分别为下拉组合框、简单组合框和下拉列表组合框，将组合框的 Style 属性设置为 0、1、2。
- 设置组合框的 Sorted 属性为 True。
- 设置列表框的 Style 属性为 1。
- 设置列表框的 MulitiSelect 属性为 0、1、2。
- 设置列表框的 Columns 属性为 0、1、2。

练习：

将列表框的 MulitiSelect 属性设置为 1，选择多个列表项时，单击"删除"按钮，查看删除的列表项。

5.2 图像框和定时器

实验目的

（1）熟练掌握图像框的属性设置。
（2）熟练掌握定时器的属性和事件。

实验内容

图片框和图像框都是用于显示图形，可以显示.bmp、.ico、.wmf、.jpg、.gif 等类型的文件。图像框通常用于显示静态的图片。

图片框和图像框使用 LoadPicture 语句在程序运行时装载图片设置 Picture 属性，通过图像框的 Stretch 属性设置图像框与图片的大小适应关系，通过图片框的 AutoSize 属性设置图片框与图片的大小适应关系。

定时器通常用来间隔一定时间触发事件，可以用来实现简单的动画。定时器的 Interval 属性用来设置计时间隔，Timer 事件是定时器的唯一事件，当达到 Interval 属性规定的时间间隔就触发该事件。

【实验 5-2】使用图像框显示图片，并实现图片的移动和放大。

1. 界面设计

在窗体界面中放置 1 个图像框 Image1，4 个按钮 Command1～Command4，用来进行左移、右移、放大和缩小。

2. 属性设置

属性设置如表 5-2 所示。

表 5-2 属性设置表

控件名	属性名	属性值	控件名	属性名	属性值
Form1	Caption	显示图片	Command2	Caption	右移
Image1	Stretch	True	Command3	Caption	放大
Command1	Caption	左移	Command4	Caption	缩小

运行界面如图 5-2 所示。

3. 程序代码设计

功能要求：单击"左移"按钮将图像框左移，单击"右移"按钮将图像框右移，单击"放大"按钮将图像框放大，单击"缩小"按钮将图像框缩小。

程序代码如下：

装载窗体时给图像框 Image1 装载图片。

```
Private Sub Form_Load()
'装载窗体
    Image1.Picture = LoadPicture("c:\program files\
    microsoft office\office\bitmaps\styles\globe.wmf")
End Sub
```

当图像没有移出窗体时，每次单击"左移"按钮，向左移动 100。

图 5-2 运行界面

```
Private Sub Command1_Click()
'单击左移按钮
    If Image1.Left + Image1.Width > 100 Then
        Image1.Left = Image1.Left - 100
    End If
End Sub
```

当图像没有移出窗体时，每次单击"右移"按钮，向右移动 100。

```
Private Sub Command2_Click()
'单击右移按钮
    If Form1.Width - Image1.Left > 100 Then
        Image1.Left = Image1.Left + 100
    End If
End Sub
```

当图像没有超出窗体时，每次单击"放大"按钮，宽度和高度放大 100。

```
Private Sub Command3_Click()
'单击放大按钮
    If Image1.Width < Form1.Width And Image1.Height < Form1.Height Then
        Image1.Width = Image1.Width + 100
        Image1.Height = Image1.Height + 100
    End If
End Sub
```

当图像没有小于 100 时，每次单击"缩小"按钮，宽度和高度缩小 100。

```
Private Sub Command4_Click()
'单击缩小按钮
    If Image1.Width > 100 And Image1.Height > 100 Then
        Image1.Width = Image1.Width - 100
        Image1.Height = Image1.Height - 100
```

        End If
End Sub

练习：
在属性窗口中设置 Image1 的 Picture 属性来装载图片。

4. 修改程序

（1）添加两个计时器 Timer1、Timer2 实现定时放大和缩小图片

添加两个定时器 Timer1 和 Timer2，Timer1 实现每 0.1 秒放大图片，Timer2 实现每 0.1 秒缩小图片。定时器属性设置如表 5-3 所示。

表 5-3 属性设置表

控件名	属性名	属性值	控件名	属性名	属性值
Timer1	Enabled	False	Timer2	Enabled	False
	Interval	100		Interval	100

程序代码如下：

```
Private Sub Command3_Click()
'单击放大按钮
    Timer1.Enabled = True
End Sub
```

当图像框不超过窗体时，每隔 0.1 秒图片放大，当超过窗体时定时器无效。

```
Private Sub Timer1_Timer()
'每0.1秒放大
    If Image1.Width < Form1.Width And Image1.Height < Form1.Height Then
        Image1.Width = Image1.Width + 100
        Image1.Height = Image1.Height + 100
    Else
        Timer1.Enabled = False
    End If
End Sub

Private Sub Command4_Click()
'单击缩小按钮
    Timer2.Enabled = True
End Sub
```

当图像框宽度和高度没有小于 100 时，每隔 0.1 秒图片缩小，当小于 100 使定时器无效。

```
Private Sub Timer2_Timer()
'每0.1秒缩小
    If Image1.Width > 100 And Image1.Height > 100 Then
        Image1.Width = Image1.Width - 100
```

```
            Image1.Height = Image1.Height - 100
        Else
            Timer2.Enabled = False
        End If
End Sub
```

(2) 修改图像框的 Stretch 属性

将 Image1 的 Stretch 属性改为 False,查看图像显示。

练习:

将图像框改为图片框,查看其图像的显示。

5.3 滚 动 条

实验目的

熟练掌握滚动条的属性和事件。

实验内容

滚动条控件包括水平滚动条和垂直滚动条,水平滚动条和垂直滚动条都是用于滚动内容,方向不同动作相同。

水平滚动条和垂直滚动条有相同的属性、方法和事件。属性主要有设置滚动条的位置值的属性 Min、Max 和 Value。事件主要是当滚动条改变时触发 Scroll 和 Change 事件。

【实验 5-3】 运用定时器和图像框设计一个大家经常见到的屏幕保护界面,图像从屏幕最下面向上移动,移出屏幕后又循环从最下面上浮。

1. 界面设计

在窗体上放置 3 个按钮"上浮"、"暂停"和"退出"(Command1~Command3),1 个垂直滚动条 Vsroll1,1 个图像框 Image1,2 个标签显示"快"和"慢",以及一个定时器 Timer1。各对象的属性设置如表 5-4 所示,设置定时器的时间间隔为 1 秒。

2. 属性设置

启动时定时器 Timer1 为无效,定时间隔为 1 秒;垂直滚动条 Vsroll1 最大值 950,最小值 50,单击滚动框改变为 50,属性设置如表 5-4 所示。

表 5-4 控件属性表

控件名	属性名	属性值	控件名	属性名	属性值
Form1	Caption	定时移动图像	Vsroll1	Max	950
Label1	Caption	快		Min	50
Label2	Caption	慢		LargeChange	50
Image1	Stretch	True	Timer1	Enabled	False
	Picture	C:\\My Documents \exe\picture\bt0057.bmp		Interval	1000
			Command2	Caption	暂停
Command1	Caption	上移	Command3	Caption	退出

程序运行界面如图 5-3 所示。
3. 程序代码设计
功能要求：单击"上移"按钮，就开始定时地向上移动图形；单击"暂停"按钮，则停止上移；改变滚动条箭头的位置可以改变上移的速度。

程序代码如下：

```
Private Sub Command1_Click()
'单击上移按钮，启动计时器
    Timer1.Enabled = True
End Sub
```

图 5-3　运行界面

定时器每秒钟将图像框上移，当超出窗体界面就移到最下面，从最下面开始上移。

```
Private Sub Timer1_Timer()
'定时上移
    If Image1.Top + Image1.Height > 0 Then
        Image1.Move Image1.Left, Image1.Top – 100
    Else
        Image1.Move Image1.Left, Me.Height
    End If
End Sub
```

改变垂直滚动条的值，就改变定时器的间隔，垂直滚动条的值越大，计时器的间隔就越短，移动的速度越快。

```
Private Sub Vscroll1_Change()
'改变速度
    Timer1.Interval = 1000 – Vscroll1.Value
End Sub

Private Sub Command2_Click()
'单击暂停按钮使定时器无效
    Timer1.Enabled = False
End Sub

Private Sub Command3_Click()
'单击退出按钮
    End
End Sub
```

程序分析：
- Me.Height 中的 Me 是指窗体。
- 单击垂直滚动条 Vscroll1 的上下箭头，Value 值改变 1；（分号）单击滚动框，Value 值改变 50。

4. 修改程序

(1) 查看垂直滚动条 Vscroll1 的 Scroll 事件

将 Vscroll1_Change 事件的代码在 Vscroll1_Scroll 事件中使用,可以看到这两个事件都可以改变 Value 值,只是触发事件的时刻不同。程序代码添加如下:

```
Private Sub Vscroll1_Scroll()
'拖动滚动条改变速度
    Timer1.Interval = 1000 - Vscroll1.Value
End Sub
```

Scroll 事件是拖动滚动框时触发,Change 事件是单击滚动条或滚动箭头以及释放滚动框时触发。

(2) 修改定时器和滚动条的属性
- 在属性窗口中将定时器 Timer1 的 Interval 属性设置为 100。
- 在属性窗口中将滚动条 Vscroll1 的 Value 值设置为 500。
- 在属性窗口中将滚动条 Vscroll1 的 SmallChange 设置为 20。
- 在属性窗口中将滚动条 Vscroll1 的 LargeChange 设置为 100。

(3) 使用程序代码装载图片

在窗体的装载事件中添加程序代码:

```
Private Sub Form_Load()
'装载窗体
    Image1.Picture = LoadPicture("C:\Visual Studio\Common\Graphics\Metafile\Arrows")
End Sub
```

练习:

将"上移"按钮改为"下移",则程序应如何修改。

5.4 对象浏览器

实验目的

学会使用对象浏览器,查找选项按钮和复选框的有效方法和属性,并将代码过程粘贴进自己的应用程序。

实验内容

1. 打开对象浏览器

打开对象浏览器方法以下几种方法:
- 选择"视图"菜单→"对象浏览器"菜单项。
- 按 F2 键。
- 在工具栏上单击"对象浏览器"按钮。

对象浏览器如图 5-4 所示。

2. 使用对象浏览器

查看复选框属性的步骤：

① 在"工程/库"框中输入 VB。
② 在"搜索文本"框中输入 CheckBox。
③ 单击"搜索"按钮，则打开了"搜索结果"框，并在右侧显示了 CheckBox 的成员。
④ 选择 Style 属性，查看属性功能，如图 5-5 所示。

图 5-4　对象浏览器　　　　　　　　　　图 5-5　搜索结果

⑤ 单击向前按钮 或向后按钮 可以查看以前或以后的搜索结果。
⑥ 单击帮助按钮 ，就打开 VB 的帮助窗口，显示了 Style 属性的帮助信息。
⑦ 在详细信息框中，单击绿色的文字，就超链接到相应的信息。
⑧ 单击隐藏搜索结果按钮 ，折叠搜索结果框。
⑨ 选择详细信息框中的内容，单击复制到剪贴板按钮 ，可以将选择的内容复制。

练习：

在对象浏览器查找 VBA 库中的 Math 类中的 Sin 函数的信息。

5.5　综合练习

【实验 5-4】　在窗体上画 1 个按钮和 1 个标签，单击按钮后，计时器控件开始计时，在标签内每秒显示所经过的秒数。

【实验 5-5】　在窗体上画 1 个 Image 控件，并添加图片，使用两个滚动条的输入来调整 Image 控件尺寸的大小，垂直滚动条用来调整 Image 控件的高度，水平滚动条用来调整宽度。

【实验 5-6】 在窗体中使用 2 个列表框显示著名大学,单击按钮将列表项在 2 个列表框间移动,运行界面如图 5-6 所示。

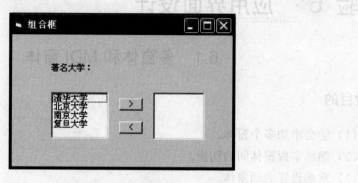

图 5-6 运行界面

实验 6 应用界面设计

6.1 多窗体和 MDI 窗体

实验目的

（1）学会添加多个窗体。
（2）熟练掌握窗体间的切换。
（3）掌握设置启动窗体。
（4）掌握 MDI 窗体和子窗体的创建。

实验内容

当工程中有多个窗体时，通过窗体的显示（Show）、隐藏（Hide）和装载（Load）、卸载（UnLoad）来实现窗体间的切换。

窗体的名称是在属性窗口中设置的，而窗体的文件名是保存窗体文件时使用的。

【实验 6-1】创建 3 个窗体，第一个窗体为人员管理系统的封面 FormCover，第二个窗体为输入人员信息窗体 Form1，第三个窗体为输入人员工资窗体 Form2。由窗体 FormCover 进入 Form1 和 Form2，Form1 和 Form2 窗体可以切换。

1．创建 3 个窗体

新建 1 个工程，将空白窗体名称改为 FormCover，然后选择"工程"菜单→"添加窗体"菜单项，添加 2 个窗体，窗体的名称按添加的顺序分别为 Form1 和 Form2，这样工程就由 3 个窗体组成。

2．创建窗体界面控件

（1）FormCover 窗体

放置 1 个标签 Label1 和 3 个按钮 Command1～Command3。

（2）Form1 窗体

使用实验 5-1 设计的输入人员信息窗体界面，并添加 2 个按钮 Command2、Command3。

（3）Form2 窗体

放置 1 个标签 Label1 和 2 个按钮 Command1、Command2。

3．设置属性

3 个窗体的对象属性设置如表 6-1 所示。

4．编写事件代码

（1）FormCover 窗体

功能要求：单击 Command1 显示 Form1 窗体，单击 Command2 显示 Form2 窗体，单击 Command3 结束程序。运行界面如图 6-1 所示。

表 6-1　3 个窗体对象属性设置表

窗体名	对象名	属性名	属性值
FormCover	FormCover	Caption	人员信息管理
	Label1	Caption	欢迎使用人员管理系统
	Command1	Caption	输入人员信息
	Command2	Caption	输入人员工资
	Command3	Caption	退出
Form1	Form1	Caption	输入人员信息
	Command2	Caption	输入人员工资
	Command3	Caption	退出
Form2	Form2	Caption	输入人员工资
	Label1	Caption	欢迎输入人员工资
	Command1	Caption	输入人员信息
	Command2	Caption	退出

程序代码如下：

```
Private Sub Command1_Click()
'单击输入人员信息按钮
    Form1.Show
End Sub

Private Sub Command2_Click()
'单击输入人员工资按钮
    Form2.Show
End Sub

Private Sub Command3_Click()
'单击退出按钮
    End
End Sub
```

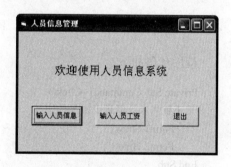

图 6-1　FormCover 窗体运行界面

（2）Form1 窗体

```
Private Sub Command2_Click()
'单击输入人员工资按钮
    Form2.Show
    Form1.Hide
End Sub

Private Sub Command3_Click()
'单击退出按钮
    Unload Me
End Sub
```

程序分析：

- Hide 方法是隐藏窗体，并没有从内存中卸载。
- Unload 语句是卸载窗体。

（3）Form2 窗体

功能要求：单击 Command1 显示 Form1 窗体并隐藏 Form2 窗体，如图 6-2（a）所示。单击 Command2 卸载本窗体。运行界面如图 6-2（b）所示。

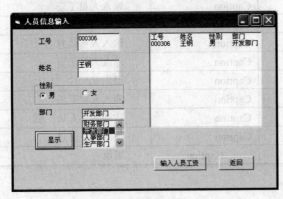
(a) Form1 运行界面

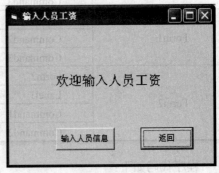
(b) Form2 运行界面

图 6-2　运行界面

程序代码如下：

Private Sub Command1_Click()
'单击输入人员信息按钮
　　　Form1.Show
　　　Form2.Hide
End Sub

Private Sub Command2_Click()
'单击退出按钮
　　　Unload Me
End Sub

5. 调整窗体布局窗口

在窗体布局窗口中调整 3 个窗体在屏幕上的位置，如图 6-3 所示。

6. 设置启动窗体

本程序的启动窗体是 FormCover，设置启动窗体的步骤如下：

① 选择"工程"菜单→"工程 1 属性"菜单项。
② 在弹出的对话框中选择"通用"选项卡。
③ 单击"启动对象"列表框的下列箭头，从中选择 FormCover，如图 6-4 所示。
④ 单击 OK 按钮。

练习：

修改启动窗口为 Form1，运行后会发生什么？

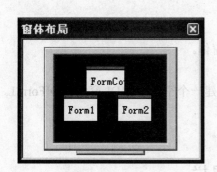

图 6-3 "窗体布局"窗口

图 6-4 工程属性

7. 修改程序

（1）添加快速显示窗体

为了使工程启动时显示系统的信息，在显示窗体之前先装载快速显示窗体，运行时先出现显示工程信息的快速展示窗体。

选择"工程"菜单→"添加窗体"菜单项，出现"添加窗体"对话框如图 6-5 所示，从中选择"展示屏幕"图标，则创建了 frmSplash 快速显示窗体。

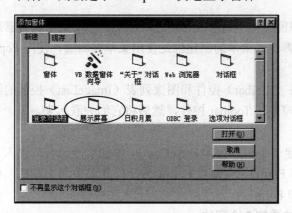

图 6-5 "添加窗体"对话框

在 frmSplash 窗体中，将各控件的属性设置为符合本工程的信息，如图 6-6 所示，由框架、图像框、标签控件组成。

添加代码：

```
Private Sub Form_Click()
'单击窗体
    Unload Me
    FormCover.Show
End Sub

Private Sub Frame1_Click()
```

图 6-6 快速展示界面

```
'单击框架
    Unload Me
    FormCover.Show
End Sub
```

在"工程属性"窗口中将 frmSplash 设置为启动窗体。

(2) 创建 MDI 窗体

选择"工程"菜单→"添加 MDI 窗体"菜单项,创建一个空白的 MDI 窗体 MDIForm1。将 Form1 和 Form2 窗体的 MDIChild 属性设置为 True。

在"工程属性"窗口中将 Form1 设置为启动窗体。

6.2 菜单和工具栏

实验目的

(1) 熟练掌握菜单编辑器及菜单的属性设置。
(2) 学会创建和使用弹出式菜单。
(3) 学会工具栏的使用。

实验内容

菜单是应用程序窗口基本的组成元素之一,菜单使用菜单编辑器来创建,菜单的唯一事件是 Click 事件。弹出式菜单的创建也是使用菜单编辑器,使用 PopupMenu 方法显示弹出式菜单。

工具栏是工具条(Toolbar)控件和图像列表(ImageList)控件的组合,创建工具栏应分别创建 ImageList 控件和 Toolbar 控件,然后将它们关联起来。

【实验 6-2】创建一个空白窗体 FormCover,添加 2 个已有的输入人员信息窗体 Form1 和输入人员工资窗体 Form2。在窗体 FormCover 添加菜单和工具栏,可以通过菜单和工具栏打开窗体 Form1 和 Form2。

1. 创建 1 个窗体添加 2 个窗体

创建 1 个新工程,出现 1 个空白窗体,将该窗体的名称改为 FormCover。

选择"工程"菜单→"添加窗体"菜单项,在出现的添加窗体对话框中(如图 6-5 所示),选择"现存"选项卡,在出现的文件中选择在实验 6-1 保存的 Form1 和 Form2 文件名。则在工程中就出现了 3 个窗体 FormCover、Form1 和 Form2。

2. 创建菜单

(1) 打开菜单编辑器

打开菜单编辑器有以下方法:

- 选择"工具"菜单→"菜单编辑器"菜单项。
- 单击工具栏的菜单编辑器图标 🗐 打开。
- 按 Ctrl+E 键。

（2）设置菜单属性

创建菜单，菜单项由"输入数据"、"查询"和"帮助"组成，菜单编辑器设计界面如图 6-7 所示，菜单运行时如图 6-8 所示。

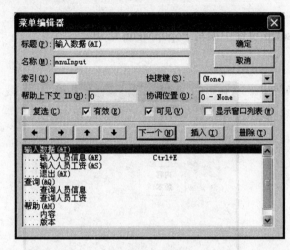

图 6-7 菜单编辑器

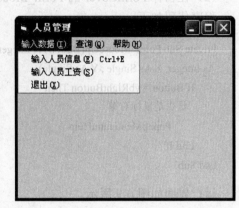

图 6-8 运行界面

为了使程序代码的可读性和可维护性较好，菜单项的命名建议采用约定的方法：以 mnu 为前缀，第一级如"输入数据"菜单项名称为 mnuInput，第二级菜单项在第一级后面添加，如"退出"菜单项名称为 mnuInputExit，依此类推。

练习：
- 在菜单"输入数据"中的"退出"菜单项前面插入一个分隔线。
- 设置并查看菜单项的快捷键和访问键。
- 设置并查看复选、有效和可见属性。

使用菜单编辑器中的按钮移动和插入菜单项。

3. 程序设计

编写菜单的 Click 事件，打开 Form1 窗体和 Form2 窗体。程序代码如下：

```
Private Sub mnuInputEmp_Click()
'单击输入人员信息菜单
    Form1.Show
End Sub


Private Sub mnuInputSa_Click()
'单击输入人员工资菜单
    Form2.Show
End Sub


Private Sub mnuInputExit_Click()
'单击退出菜单
    End
End Sub
```

4. 创建弹出式菜单

将"帮助"菜单作为弹出式菜单，创建步骤如下：

（1）在菜单编辑器中将 mnuHelp 菜单项的可见框不打"√"，即 Visible 属性设置为 False；

（2）在窗体 FormCover 的 Form_MouseUp 事件中编写 PopupMenu 语句。

程序代码如下：

```
Private Sub Form_MouseUp(Button As Integer, Shift
    As Integer, X As Single , Y As Single)
    If Button = vbRightButton Then
        '是否是鼠标右键
            PopupMenu mnuHelp
    End If
End Sub
```

运行界面如图 6-9 所示。

图 6-9 "人员管理"运行界面

练习：

- 修改弹出式菜单的 PopupMenu 语句，确定弹出式菜单的位置。
- 在弹出式菜单中添加"这是什么"菜单项。

6.3 通用对话框控件

实验目的

（1）掌握通用对话框控件的创建。
（2）掌握使用"打开"文件对话框和"另存为"对话框。

实验内容

通用对话框控件有 6 个标准对话框，包括文件对话框（"打开"、"另存为"对话框）、"颜色"对话框、"字体"对话框、"打印"对话框和"帮助"对话框。通过设置通用对话框控件的 Action 属性或 Show 方法来设置对话框类型。

【实验 6-3】 在窗体中使用"文件"菜单，有"新建"、"打开"、"保存"和"退出"菜单项，单击各菜单项使用通用对话框控件打开*.txt 文件，并在 RichTextBox 控件中修改和显示*.txt 文件。

1. 创建菜单

使用菜单编辑器创建"文件（F）"菜单（mnuFile），并具有 4 个菜单项标题分别为"新建（&N）"、"打开（&O）"、"保存（&S）"和"退出（&X）"，名称分别为 mnuFileNew、mnuFileOpen、mnuFileSave 和 mnuFileExit，菜单条中还有"编辑（E）"和"帮助（H）"

菜单项。

2. 创建通用对话框控件和 RichTextBox 控件

创建通用对话框控件的步骤：

① 用鼠标右键单击控件箱，选择快捷菜单中的"部件"菜单项。

② 在部件对话框中选择 Microsoft Common Dialog Control 6.0，控件箱中就会出现通用对话框控件的图标 。

③ 在部件对话框中选择 Microsoft Rich TextBox Control 6.0，控件箱中就会出现 RichTextBox 控件的图标 。

将通用对话框控件和 RichTextBox 控件放置到窗体界面中，则在窗体中就有了 CommonDialog1 和 RichTextBox1 控件。

RichTextBox 控件与内部控件 TextBox 相似，但它不仅允许输入和编辑文本，还可以保存文本到文件中，也可以装载文件到 RichTextBox 控件文本框中。

3. 设置属性

在窗体中放置 1 个 RichTextBox1 控件，1 个通用对话框控件 CommonDialog1。则属性设置如表 6-2 所示。

表 6-2 窗体对象属性设置表

对象名	属性名	属性值
Form1	Caption	文本编辑器
RichTextBox1	Text	空
	MultiLine	True
	ScrollBars	3-rtfBoth

4. 程序设计

程序代码如下：

单击"新建"菜单清空 RichTextBox 控件文本框。

```
Private Sub mnuFileNew_Click()
'单击新建文件菜单
    RichTextBox1.Text = ""
    RichTextBox1.SetFocus
End Sub
```

单击"打开"菜单使用 CommonDialog1 控件可以打开*.txt 文件，并将文件装载到 RichTextBox1 中。

```
Private Sub mnuFileOpen_Click()
'单击打开文件菜单
    CommonDialog1.InitDir = "C:\"
    CommonDialog1.Filter = "TXT(*.txt)|*.txt|"
    CommonDialog1.Action = 1
    '装载文本文件到文本框中
    RichTextBox1.LoadFile (CommonDialog1.FileName)
End Sub
```

单击"保存"菜单使用 CommonDialog1 控件将 RichTextBox1 文本框中内容保存到指定的*.txt 文件中。

```
Private Sub mnuFileSave_Click()
'单击保存文件菜单
    CommonDialog1.InitDir = "C:\"
    CommonDialog1.Filter = "TXT(*.txt)|*.txt|"
    CommonDialog1.DefaultExt = "TXT"
    CommonDialog1.Action = 2
    '保存文本到文件
    RichTextBox1.SaveFile CommonDialog1.FileName, rtfText
End Sub

Private Sub mnuFileExit_Click()
'单击退出按钮
    End
End Sub
```

程序分析：
- CommonDialog1 控件的 InitDir 属性为打开文件的初始目录，Filter 属性为设置的文件类型，DefaultExt 为默认保存文件类型。
- RichTextBox 控件的 LoadFile 方法（对象.LoadFile pathname[, filetype]）是将文件装载到文本框中。
- RichTextBox 控件的 SaveFile 方法（对象.SaveFile pathname[, filetype]）是将文本框中内容保存到文件。

运行的界面如图 6-10 所示。

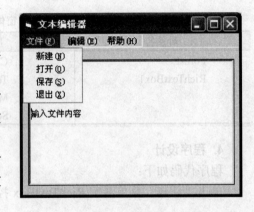

图 6-10　运行界面

练习：

使用属性窗口来设置 CommonDialog1 控件的属性。

5. 创建工具栏

创建一个工具栏，有"打开"和"保存"两个按钮。

（1）在控件箱中添加 ImageList 控件

工具栏是由工具条 Toolbar 控件和图像列表 ImageList 控件组成，Toolbar 控件和 ImageList 控件是 ActiveX 控件，必须将文件 mscomctl.ocx 添加到工程中。

添加 mscomctl.ocx 文件的方法：

用鼠标右键单击工具箱，出现弹出式菜单如图 6-11 所示。选择"部件"，出现如图 6-12 所示的"部件"对话框，选择 Microsoft Windows Common Controls 6.0 复选框，单击"确定"按钮，则在工具箱中就增加了一些控件，其中包括 Toolbar 控件和 ImageList 控件。

（2）创建 ImageList 控件

使用控件箱的 ImageList 控件，用于为窗体工具栏中添加的按钮提供图像，ImageList 控件属性设置如图 6-13 所示。

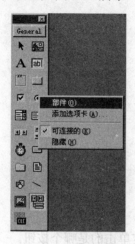

图 6-11 工具箱

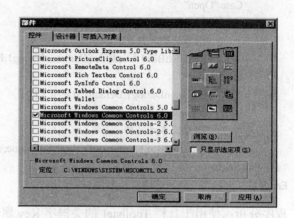

图 6-12 "部件"对话框

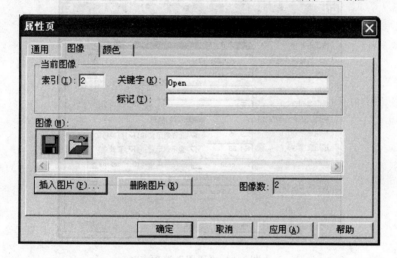

图 6-13 ImageList 控件属性页

（3）创建 Toolbar 控件

使用控件箱中的 Toolbar 控件来创建工具条，单击 Toolbar 控件打开属性页，在"通用"选项卡的"图像列表"文本框中单击滚动条选择 ImageList1，如图 6-14 所示。

然后，选择"按钮"选项卡，设置属性如图 6-15 所示。

练习：
- 设置 Toolbar 控件的"工具提示文本"属性，为工具栏设置提示文本信息。
- 设置 Toolbar 控件按钮不同的"图像"属性。

（4）编写代码

单击工具栏 Toolbar1 的各按钮，在文本框 Text1 中显示相应信息，ButtonClick 事件代码如下：

```
Private Sub Toolbar1_ButtonClick(ByVal Button As MSComctlLib.Button)
    CommonDialog1.InitDir = "C:\"
```

```
            CommonDialog1.Filter = "TXT(*.txt)|*.txt|"
        Select Case Button.Key
            Case "Open"
                CommonDialog1.Action = 1
                '装载文本文件到文本框中
                RichTextBox1.LoadFile (CommonDialog1.FileName)
            Case "Save"
                CommonDialog1.DefaultExt = "TXT"
                CommonDialog1.Action = 2
                '保存文本到文件
                RichTextBox1.CommonDialog1.FileName, rtfText
        End Select
End Sub
```

程序分析：使用工具栏 Toolbar1 的关键字 Key 属性来确定单击的是哪个按钮。

图 6-14 "通用"选项卡

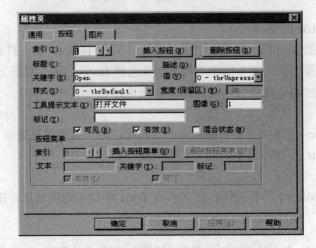

图 6-15 "按钮"选项卡

6.4 综合练习

【实验 6-4】 设计一个窗体 Form1，窗体标题为"实验 6"，并在窗体中放置一个图片框显示图像，当单击窗体或图片框时，出现第二个窗体 Form2，隐藏 Form1，Form2 中放置一个"退出"按钮结束程序，如果单击 Form2 的"退出"按钮则卸载 Form2 显示 Form1，单击 Form1 的"关闭"按钮结束程序。

【实验 6-5】 创建一个窗体，菜单分别为"文件"、"编辑"、"退出"，"文件"菜单的子菜单为"打开"和"另存为"，"编辑"菜单的子菜单是"字体"和"颜色"，单击各菜单项使用 CommonDialog 控件打开相应的对话框。

实验 7　数组、程序调试

7.1　数　　组

实验目的

（1）熟练掌握对数组的声明、赋值和引用。
（2）熟悉静态数组和动态数组的使用。
（3）掌握程序调试的一般方法。

实验内容

当要使用大量数据时就需要使用数组，根据数组的维数可分为一维数组和多维数组，根据数组的元素个数是否动态可分为静态数组和动态数组。

静态数组的声明：

　　Dim 数组名（第一维上下界，…） As 　数据类型

动态数组的定义：

　　Dim 数组名（） As 　数据类型
　　ReDim 数组名（第一维上下界，…）

【实验 7-1】 求数组的最大元素及下标，设数组元素的取值为 0～100 之间的整数。

1．界面设计

（略）。

2．编写代码

（横线上请读者自己根据题意编写一句代码，并深刻体会下面代码里面 Print 的使用方法）。

```
Private Sub Command1_Click()
    Dim a(1 To 10) As Integer
    '输入数据
    For i = 1 To 10
        a(i) = _____
    Next i
    '输出数据
    For i = 1 To 10
        Print a(i);
    Next i
    Print
    '找最大的元素及下标
    Max% = a(1): imax = 1
    For i = 2 To 10
        If a(i) > Max Then
```

```
            Max = a(i)
            imax = i
        End If
    Next i
    Print "最大元素以及下标分别是：" Max； imax
End Sub
```

【实验 7-2】 选择排序。输入并完善下面程序，并多次运行之，说明并体会该程序的原始数据的来源、范围及排序方法。

```
Private Sub Form_Click()
    Dim A(10) as Single ,i as Integer ,j as Integer
    For i = 1 To 10
        A(i) = Rnd * 100 - 49
    Next i
    For i = 1 To 9
        For j = i + 1 To 10
            If A(i) > A(j) Then
                T = A(i)： A(i) = A(j)： A(j) = T
            End If
        Next j
    Next i
    For i = 1 To 10
        Print A(i);
    Next i
    Print
End Sub
```

练习：
用冒泡排序、插入排序方法改写该程序并运行。

【实验 7-3】 用筛选法求素数。

算法说明：素数是指一个数 x 除了 1 和它本身，不能被其他任何整数整除。用筛选法求素数是将每个数 x 都被 $2 \sim \sqrt{x}$ 除，若出现能被整除的数则就不是素数；而如果到最后仍然不能被整除，则该数就是素数。

1. 界面设计

创建一个空白的窗体，在单击窗体时用 InputBox 输入需要求的素数范围，进行求素数的运算，并用 Print 语句将素数显示在窗体上。输入框 InputBox 如图 7-1（a）所示，运行界面如图 7-1（b）所示显示 150 以内的素数。

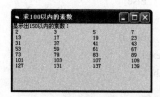

（a）输入框 InputBox　　　　　　　　　（b）运行界面

图 7-1　实验 7-3 运行界面

2. 程序代码设计

程序设计：

① 先输入数据和初始化数组。

② 然后进行素数的判断，采用双重循环来实现，内循环用来判断一个数是否被 $2\sim\sqrt{x}$ 整除，外循环用来判断从 3~n 的数是否是素数。

③ 最后在窗体中显示素数。

程序代码如下：

```
Option Explicit
Option Base 1
Private Sub Form_Click()
'单击窗体开始计算
    Dim a() As Integer, b() As Integer
    Dim n As Integer, i As Integer, j As Integer, k As Integer
    n = Val(InputBox("请输入一个正整数", "输入"))
    ReDim a(n)
    ReDim b(n)
    '置初值
    For i = 1 To n
        a(i) = i
    Next i
    k = 1
    b(1) = 2
    For j = 3 To n Step 2
        For i = 2 To Int(Sqr(j))
            If a(j) Mod a(i) = 0 Then Exit For      '能整除就跳出循环
        Next i
        If a(i) > Int(Sqr(j)) Then
            k = k + 1
            b(k) = a(j)
        End If
    Next j
    Print "显示出" & n & "以内的素数："
    ReDim Preserve b(k)                              '定义动态数组保留数据
    For i = 1 To k                                   '每行显示5个数据
        If i Mod 5 = 0 Then
            Print
        Else
            Print b(i),
        End If
    Next i
End Sub
```

程序分析：

使用"Option Base 1"语句将数组下界定为 1。

由于数组的元素个数是由输入框的数据确定的,因此需要使用动态数组。

数组 a 存放 1~n 的数据,数组 b 存放素数。

由于偶数都不是素数,因此判断的范围用循环"For j = 3 To n Step 2"表示。

由于数组 b 存放的素数个数不确定,因此开始定义的数组个数为 n,素数计算过后就可以根据素数个数 k 重新定义动态数组,用"ReDim Preserve b(k)"语句保留原来的数据。

练习:
- 画出程序流程图。
- 将"For j = 3 To n Step 2"的 Step 改为-2,修改 For 循环语句。

【实验 7-4】 生成一个随机的 5 行 5 列的 2 维数组,数组元素的值为单个正整数。数组元素以矩阵形式显示在图片框里。计算该矩阵的位于主对角线上方的所有元素的和与位于主对角线下方的所有元素的和,并计算二者的差。

1. 界面设计

在窗体界面中放置 1 个图片框 PictrueBox,2 个按钮 Command1,Command2,3 个文本框 TextBox 和 3 个标签 Label。

2. 属性设置

属性设置如表 7-1 所示。

表 7-1 属性设置表

控件名	属性名	属性值	控件名	属性名	属性值
Form1	Caption	数组示例	Label3	Caption	上下元素和的差
Command1	Caption	生成数组	Text1	text	空
Command2	Caption	计算求值	Text2	text	空
Label1	Caption	上面元素和	Text3	text	空
Label2	Caption	下面元素和			

运行界面如图 7-2 所示。

图 7-2 数组运行界面

3. 程序代码设计

```
Dim a(5, 5) As Integer
Private Sub Command1_Click()
For i = 1 To 5
    For j = 1 To 5
        a(i, j) = Int(Rnd * 9 + 1)
        Picture1.Print a(i, j);
    Next
    Picture1.Print
Next
End Sub

Private Sub Command2_Click()
    Dim a1 As Integer, a2 As Integer
    For i = 1 To 5
        For j = 1 To 5
            If i <> j Then
                If i < j Then
                    a1 = a1 + a(i, j)
                Else
                    a2 = a2 + a(i, j)
                End If
            End If
        Next j
    Next
    Text1 = a1
    Text2 = a2
    Text3 = a1 - a2
End Sub
```

4. 运行程序并观察结果。

7.2 程序调试

由于程序较长，程序运行会出现一些错误，需要使用 Visual Basic 的调试工具。

（1）逐语句运行

程序运行使用逐语句运行可以查看程序的运行顺序和变量的值，也可以修改程序。按 F8 键或选择"调试"菜单→"逐语句"菜单项可逐语句运行。

如图 7-3 所示的代码编辑器窗口中，在所执行的语句前有标志的箭头，语句也有彩色背景，当运行到下一句时也随之移到下一条语句，鼠标放置到该语句的变量上可以显示该变量的当前值。

（2）设置断点

通过设置断点可以使程序运行到关键的语句停下，查看变量的值或程序的运行顺序。

对于较长的程序设置断点比逐语句运行更高效些。

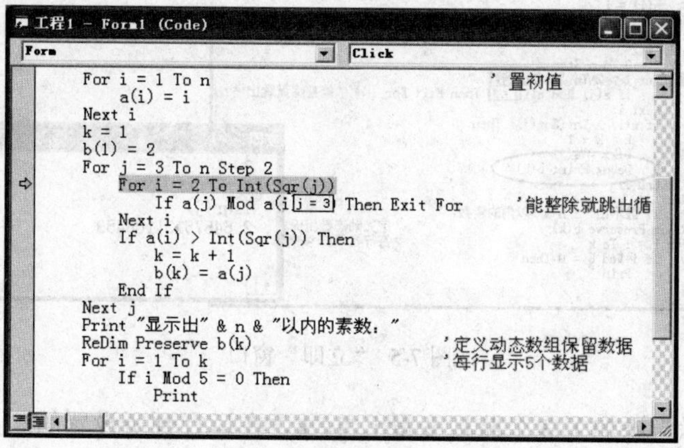

工程1 - Form1 (Code)
Form
Click
For i = 1 To n　　' 置初值
a(i) = i
Next i
k = 1
b(1) = 2
For j = 3 To n Step 2
For i = 2 To Int(Sqr(j))
If a(j) Mod a(i j = 3 Then Exit For　　'能整除就跳出循
Next i
If a(i) > Int(Sqr(j)) Then
k = k + 1
b(k) = a(j)
End If
Next j
Print "显示出" & n & "以内的素数："
ReDim Preserve b(k)　　'定义动态数组保留数据
For i = 1 To k　　'每行显示5个数据
If i Mod 5 = 0 Then
Print

图 7-3　逐语句运行

将光标指向将要设置断点的代码行，单击代码窗口的边框位置；或选择“调试”菜单→“切换断点”菜单项。被设置的断点代码行加粗并反白显示，在代码窗口的边框出现圆点。如图 7-4 所示，设置了两个断点。

工程1 - Form1 (Code)
Form
Click
For i = 1 To n　　' 置初值
a(i) = i
Next i
k = 1
b(1) = 2
For j = 3 To n Step 2
For i = 2 To Int(Sqr(j))
If a(j) Mod a(i) = 0 Then Exit For　　'能整除就跳出循
Next i
If a(i) > Int(Sqr(j)) Then
k = k + 1
b(k) = a(j)
End If
Next j
Print "显示出" & n & "以内的素数："
ReDim Preserve b(k)　　'定义动态数组保留数据
For i = 1 To k　　'每行显示5个数据
If i Mod 5 = 0 Then
Print

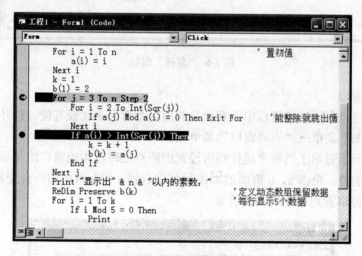

图 7-4　设置断点

（3）使用调试窗口

（4）立即窗口

立即窗口可以用来打草稿，或在程序中使用“Debug Print 变量名”的语句显示程序运行中的变量值。如图 7-5 所示，在程序中添加了“Debug.Print b(k)”语句，在立即窗口中就显示每次循环时 b(k)的值（3 和 5），当运行到图中的语句“For i = 2 To Int(Sqr(j))”时，在立即窗口中输入“?sqr(j)”就可以根据此处的变量“j”计算出结果。

（5）监视窗口

使用监视窗口可以同时查看多个变量，比较方便。添加监视可以通过“调试”菜单→“添加监视”菜单项，在出现的对话框中添加监视。

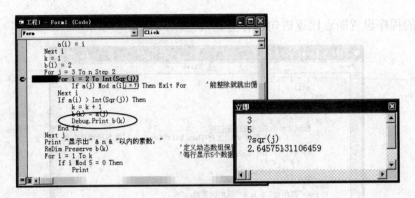

图 7-5 "立即"窗口

如图 7-6 所示为添加了 3 个监视变量 i、j、k,在运行到所设置的断点处停下时在监视窗口中的显示。

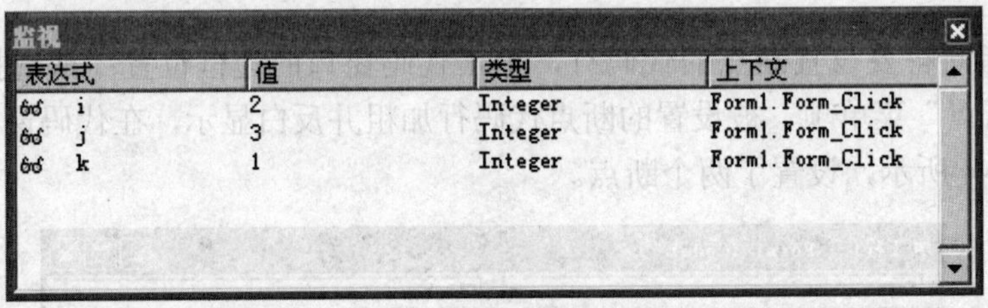

图 7-6 "监视"窗口

(6) 本地窗口

本地窗口可以显示当前过程中所有变量的值,查看起来比较方便。打开本地窗口的方法是选择"视图"菜单→"本地窗口"菜单项。

如图 7-7 所示显示了当程序运行到所设置的断点处时,本地窗口的显示,显示了过程中的所有变量的值,单击 a、b 前面的田图标可以看到 a 和 b 数组的所有变量值,单击 Me 前面的田图标可以看到窗体的所有信息。

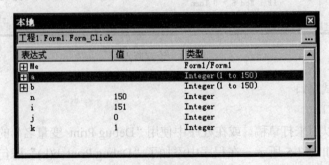

图 7-7 "本地"窗口

练习:

- 使用立即窗口查看表达式 "5 mod 2"的值。
- 当程序运行到所设置的断点处时,在立即窗口中修改变量的值,然后继续运行,查看运行的结果。

7.3 综合练习

【实验 7-5】 本程序从键盘读入 n 个整数存放在数组中，若这些整数满足如下条件之一：
① $x_1<x_2<\cdots<x_n$；
② $x_1<x_2<\cdots<x_j$ 且 $x_j>x_{j+1}>x_{j+2}\cdots x_n$，其中（$1<j<n$）；
③ $x_1>x_2>\cdots>x_n$。
则输出"符合条件！"；否则，输出"不符合条件！"。

【实验 7-6】 本程序的功能是产生 10 个个位数互不相同的 3 位数的随机整数，并存放到与其个位数相同的数组元素中。例如，368 存入到 a(8)，如果该数组元素已经存在则重新再产生一个随机数，用 print 语句显示出来。

实验 8 子程序（Sub）过程

8.1 代码编辑器的使用

实验目的

熟练掌握代码编辑器窗口的操作。

实验内容

1. 编辑器选项设置

程序代码在代码编辑器窗口输入，可以选择"工具"菜单→"选项"菜单项，则出现如图 8-1 所示"编辑器"选项卡，在选项卡中进行编辑器窗口的功能设置。

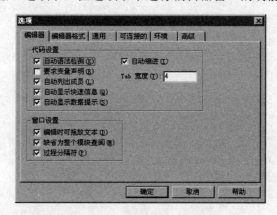

图 8-1 "编辑器"选项卡

（1）代码设置
- 自动语法检测：决定当输入一行代码后，Visual Basic 是否应当自动校验语法的正确性。
- 要求变量声明：决定模块中是否需要明确的变量说明，将 Option Explicit 语句添加到任何新模块的声明中去。
- 自动列出成员：决定是否列出相应对象的属性等信息。
- 自动快速信息：决定是否显示关于函数及其参数的信息。
- 自动显示数据提示：当调试在中断时，光标停留在代码编辑窗口的变量或对象上是否显示该变量的值或对象的属性。
- 自动缩进：对前一行代码移动制表符，回车后所有后续行都将以该制表符为起点。
- Tab 宽度：设置制表符宽度，其范围可以为 1~32 个空格；默认值是 4 个空格。

（2）窗口设置
- 编辑时可拖放文本：设置是否可以从代码编辑窗口向立即窗口或监视窗口内拖放文本。

- 默认为整个模块查阅：设置在代码编辑窗口内查看多个过程或者一个过程。
- 过程分隔符：显示或者隐藏出现在代码编辑窗口中每个过程结尾处的分割条。只有当"默认（缺省）为整个模块查阅"被选中时才起作用。

2．使用代码编辑器窗口

（1）选择过程的方法

- 单击对象列表框选择对象，然后单击过程列表框选择过程名。
- 按 Ctrl+↑或 Ctrl+↓，在各个过程中移动。

（2）查看过程代码

在代码编辑器窗口中可以一次只查看一个过程，也可以同时查看模块中的所有过程。这些过程彼此之间用分割条隔开。利用代码编辑器窗口左下角的"查看选择"按钮，在两种查看方式之间进行切换。

（3）自动完成编码

代码编辑器能自动列举适当的选择，用于填充语句、属性和参数，使编写代码更加方便。"自动列出成员特性"用于显示控件的下拉属性表。在代码中输入一对象名并输入"."时，就会显示控件的下拉属性表，输入属性名的前几个字母，即可选中该属性，按 Tab 键或双击该属性将完成这次输入。

8.2　Sub 过 程

实验目的

（1）熟练掌握变量的使用。
（2）熟练掌握事件过程和通用过程的定义。
（3）熟练掌握 Sub 过程的参数传递。
（4）掌握 Sub Main 过程的创建。

实验内容

Sub 过程包括事件过程和通用过程。事件过程是由 Visual Basic 自行声明的，通用过程是用户定义的，直到被调用时才起作用。Sub Main 过程是启动过程，必须在标准模块中创建，运行工程时先运行 Sub Main 子过程。

过程调用时的参数传递分为按地址传递和按值传递两种。变量的有效范围分为过程级、模块级和全局变量。

【实验 8-1】　编写一个通用过程，用下面的公式计算π的近似值：

$$\frac{\pi}{4} = 1 - \frac{1}{3} + \frac{1}{5} - \frac{1}{7} + \cdots + (-1)^{n-1}\frac{1}{2n-1}$$

使用标准模块计算，用输入框输入计算的项数，并用消息框显示结果。

1．添加标准模块

本工程只有一个标准模块，创建新工程时就出现一个空白窗体，选择"工程"菜单→

"添加模块"菜单项,则有一个窗体模块和一个标准模块,用鼠标右键单击工程资源管理器窗口,在下拉菜单中选择"移除Form1"菜单项,将Form1窗体模块移除则工程只剩下一个标准模块。

2. 程序设计

选择"工具"菜单→"添加过程"菜单项,添加两个过程,一个Main启动过程和一个Calculate子函数。

程序代码如下:

```
Private Sub Main()
'启动过程
    Dim Number As Integer
    Dim Sum As Single, Result As Single
    Number = Val(InputBox("请输入计算的项数", "输入"))
    Result = Calculate(Number)
    MsgBox " π  = " & Result, vbOKOnly, "计算结果"
End Sub

Private Function Calculate(n As Integer)
'计算π子函数
    Dim i As Integer
    Dim s As Single
    For i = 1 To n
        s = (-1) ^ (i - 1) * (1 / (2 * i - 1)) + s
    Next i
    s = s * 4
    Calculate = s
End Function
```

输入框如图8-2(a)所示,输入20项;消息框如图8-2(b)所示,显示运算结果。

(a) 输入框

(b) 消息框

图8-2 运行界面

3. 修改程序

将子函数改为子过程Calculate,使用Call调用子过程。

```
Private Sub Main()
'启动过程
    Dim Number As Integer
```

```
    Dim Sum As Single
    Number = Val(InputBox("请输入计算的项数", "输入"))
    Call Calculate(Number, Sum)
    MsgBox " π = " & Sum, vbOKOnly, "计算结果"
End Sub
```

子过程没有返回值，使用按地址传递的形式将形参和实参共用内存单元，Sum 和 s 都共用内存单元，在 Main 过程中就可以得出计算结果。

```
Private Sub Calculate(n As Integer, s As Single)
'计算 π 子过程
    Dim i As Integer
    For i = 1 To n
        s = (-1) ^ (i - 1) * (1 / (2 * i - 1)) + s
    Next i
    s = s * 4
End Sub
```

练习：

使用按值传递的方式传递形参，查看运行结果。

【**实验 8-2**】 在工程中创建 3 个窗体，分别用来显示"人员信息管理系统"的封面、输入人员信息窗体和输入工资信息窗体。

1. 创建工程添加窗体

创建新工程出现空白窗体 Form1，在属性窗口修改窗体名为 FormCover，选择"工程"菜单→"添加窗体"菜单项，添加 2 个窗体默认名为 Form1 和 Form2。

2. 界面设计

（1）窗体 FormCover

在窗体 FormCover 中放置 3 个按钮 Command1～Command3，1 个标签 Label1。运行界面如图 8-3 所示。

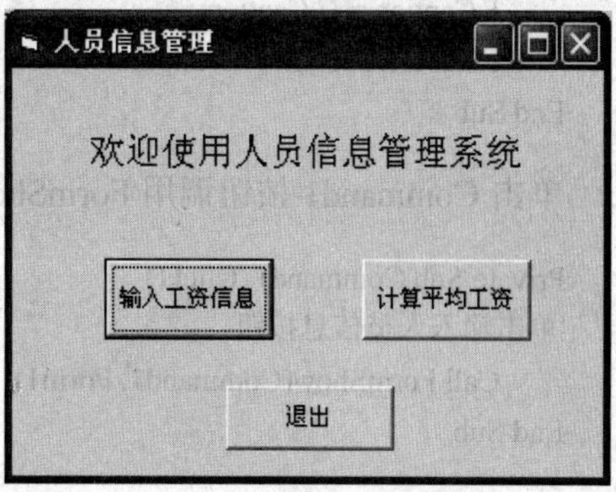

（2）窗体 Form1

在窗体 Form1 中放置 1 个列表框 List1 用来显示姓名，在文本框 Text1 中输入工资，单击"输入"按钮 Command1 添加到列表框 List2 中。运行界面如图 8-4（a）所示。

图 8-3　窗体 FormCover 运行界面

（3）窗体 Form2

在窗体 Form2 中放置 1 个文本框 Text1，单击"计算"按钮 Command1 计算窗体 Form1 中的列表框 List2 中列表的平均值，显示在文本框 Text1 中，运行界面如图 8-4（b）所示。

3. 程序设计

功能要求：单击窗体 FormCover 中的 Command1 按钮"输入工资信息"，显示 Form1；

单击 Command2 按钮"计算平均工资",显示 Form2。

(a) 窗体 Form1 运行界面

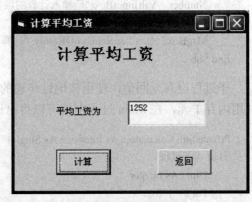
(b) 窗体 Form2 运行界面

图 8-4 运行界面

选择"工具"菜单→"添加过程"菜单项,在"添加过程"对话框中输入过程名 FormShow,并选择有效范围为私有的,如图 8-5 所示。

(1) 窗体 FormCover 程序

FormShow 子过程用来显示窗体,形参为对象参数,两个形参分别为按钮和窗体,用来显示窗体和窗体标签中的标题。

图 8-5 "添加过程"对话框

```
Private Sub FormShow(C As CommandButton, F As Form)
'显示窗体子过程
    F.Show
    F.Caption = C.Caption
    F.Label1.Caption = C.Caption
End Sub
```

单击 Command1 按钮调用 FormShow 子过程,打开 Form1。

```
Private Sub Command1_Click()
'单击输入人员信息按钮
    Call FormShow(Command1, Form1)
End Sub
```

单击 Command2 按钮调用 FormShow 子过程,打开 Form2。

```
Private Sub Command2_Click()
'单击输入工资信息按钮
    Call FormShow(Command2, Form2)
End Sub

Private Sub Command3_Click()
'单击返回按钮
    End
```

End Sub

练习：
- 将 FormShow 子过程的形参使用 Control 类型说明。
- 不使用 Call 调用 FormShow 子过程。

（2）窗体 Form1

在设计的窗体上双击窗体或控件，就打开了代码编辑器窗口，并出现了空的事件过程。
添加程序代码如下：
装载窗体时添加列表框的列表项。

```
Private Sub Form_Load()
'装载窗体
    List1.AddItem "李强"
    List1.AddItem "张健"
    List1.AddItem "陈芳"
    List1.AddItem "吴琴"
    List1.AddItem "周红"
End Sub

Private Sub Command1_Click()
'单击输入按钮
    List2.AddItem Text1.Text
End Sub

Private Sub Command2_Click()
'单击返回按钮
    Unload Me
End Sub
```

（3）窗体 Form2
程序代码如下：

```
Private Sub Command1_Click()
'单击计算按钮计算平均工资
    Dim i As Integer
    Dim Sum As Single, Aver As Single
    For i = 0 To Form1.List2.ListCount - 1
        Sum = Sum + Form1.List2.List(i)
    Next i
    Aver = Sum / Form1.List2.ListCount
    Text1.Text = Aver
End Sub

Private Sub Command2_Click()
'单击返回按钮
    Unload Me
End Sub
```

程序分析：在 Form2 中使用 Form1.List2.ListCount，是引用其他模块的控件必须加窗体名。

4. 保存文件

单击工具栏中的"保存"按钮来保存文件并修改文件名，将文件分别保存为 shiyan8_3.frm、shiyan8_3_1.frm、shiyan8_3_2.frm 和 shiyan8_3.vbp。

5. 修改程序

（1）使用全局数组

使用全局数组 Salary 来保存工资，这样在 Form2 窗体计算平均工资时可以关闭 Form1 窗体。

如果在窗体 Form1 中定义全局数组 Public Salary() As Single，就会出现编译错误提示，如图 8-6 所示。

图 8-6　编译错误

因此必须添加标准模块，选择"工程"菜单→"添加模块"菜单项创建标准模块 Module1，在模块的"通用"声明段定义全局数组。

在 Module1 模块的程序代码如下：

```
Public Salary() As Single
```

在 Form1 窗体的"返回"按钮的程序代码如下：

```
Private Sub Command2_Click()
'单击返回按钮
    Dim i As Integer
    ReDim Salary(List2.ListCount)
    For i = 0 To List2.ListCount - 1
        Salary(i) = List2.List(i)
    Next i
    Unload Me
End Sub
```

在 Form2 窗体的"计算"按钮中使用全局数组计算平均工资，程序代码修改如下：

```
Private Sub Command1_Click()
'计算平均工资
    Dim i As Integer
    Dim Sum As Single, Aver As Single
    For i = 0 To UBound(Salary)
        Sum = Sum + Salary(i)
```

```
Next i
Aver = Sum / UBound(Salary)
Text1.Text = Aver
End Sub
```

（2）使用监视窗口查看变量的变化

选择"视图"菜单→"监视窗口"菜单项，打开监视窗口，添加 Salary 查看全局变量的作用范围，并添加各过程的变量到监视窗口。

8.3 综合练习

【实验 8-3】 在窗体上的文本框中输入 a、b、c 的值，单击按钮求方程 $ax^2+bx+c=0$ 的解，用 3 个子函数分别求当 $b^2-4ac > 0$，$b^2-4ac = 0$ 和 $b^2-4ac < 0$ 时的根，并在文本框中显示运算结果。

【实验 8-4】 在界面中从一个文本框输入字符串，单击按钮由另外 3 个不同的文本框显示出其中的字母、数字和其他字符的个数。

实验 9　函数（Function）过程和递归调用

9.1　Function 过程

实验目的

（1）掌握 Function 过程的定义和调用。
（2）掌握变量的有效范围和静态变量。

实验内容

与 Sub 过程不同，Function 过程可返回一个值到调用的过程，也可以放弃返回值，因此要定义函数的数据类型，函数过程调用时的参数传递也分为按地址传递和按值传递两种。
用 Static 定义过程中的变量为静态变量，静态变量在调用结束后仍保留其值。

【实验 9-1】 随机生成 12 个 3 位正整数，分别赋给一个 3×4 的数组，找出每一行中最大元素，并指出该元素所在的行和列。

实验分析：定义一个函数，该函数的功能返回二维数组中指定行的最大元素。因此函数有两个参数：二维数组 a 和 i（指定行）。

1. 界面设计
略。
2. 属性设置
略。
3. 添加代码

```
Option Explicit
Dim a(3, 4) As Integer

Private Sub cmdExit_Click()
    End
End Sub

Private Sub Form_click()
    Dim i As Integer, j As Integer
    Randomize
    Print "数组："
    For i = 1 To 3
        For j = 1 To 4
            a(i, j) = _____
            Print a(i, j),
        Next j
        _____
    Next i
    Print "其中："
```

```
        For i = 1 To 3
            Print "第" + Str(i) + "行中的最大元素为："; Mmax(a, i)
        Next i
End Sub
Private Function _____
    Dim j As Integer
    Dim r As Integer
    _____      '填入一段程序代码
End Function
```

4．保存工程

保存该工程。

5．运行工程

运行该工程。

【**实验 9-2**】 输入某一天的年、月和日，计算出这一天是该年的第几天。

算法是首先判断该年是否是闰年，如果是闰年通过将每月的天数积累计算出此天前的天数，如果不是闰年则将闰年的天数+1。

1．界面设计

窗体中有 2 个文本框 Text1、Text2，2 个按钮 Command1、Command2，1 个组合框 Combo1，1 个列表框 List1 和 6 个标签。

功能要求：采用组合框 Combo1 选择月份，列表框 List1 选择日期，文本框 Text1 输入年份，计算的天数显示在文本框 Text2 中。

2．属性设置

界面中的标签运行界面如图 9-1 所示，其他控件的属性如表 9-1 所示。

表 9-1　窗体中控件属性表

控件名	属性名	属性值	控件名	属性名	属性值
Form1	Caption	计算某天是第几天	Text1	Text	空
Command1	Caption	计算	Text2	Text	空
Command2	Caption	结束	Text3	Text	空
Combo1	List	空		Locked	True
List1	List	空			

3．程序代码

（1）定义模块级变量

在窗体模块的"通用"声明段定义模块级变量和数组。

```
Option Base 1
Dim Year1 As Integer, Month1 As Integer,
Day1 As Integer
Dim MonthDay(12) As Integer
```

图 9-1　运行界面

（2）创建子过程

本程序使用了 1 个子过程 AddDay 用来在 List1 中添加天数，2 个子函数一个为 Leap 用来判断某年是否是闰年，1 个为 SumDay 用来根据月份和日期计算天数。

AddDay 子过程用来根据月份添加列表框 List1 的日期列表项，形参为月份。

```
Private Sub AddDay(n As Integer)
'添加列表框日期子过程
    Dim i As Integer
    For i = 1 To MonthDay(n)
        List1.AddItem i
    Next i
End Sub
```

Leap 子函数用来判断是否是闰年，形参为年份，如果是闰年则返回值为 True，否则为 False。

```
Private Function Leap(y As Integer) As Boolean
'判断是否是闰年子函数
    Dim L As Boolean
    L = (y Mod 4 = 0) And (y Mod 100 <> 0) Or (y Mod 400 = 0)
    Leap = L
End Function
```

Sumday 子函数用来计算天数，形参为月份和日期，返回值为天数。

```
Private Function Sumday(m As Integer, d As Integer) As Integer
'计算天数子函数
    Dim i As Integer, s As Integer
    For i = 1 To m - 1
        s = s + MonthDay(i)
    Next i
    Sumday = s + d
End Function
```

装载窗体时添加组合框的 12 个月份列表项，并初始化 MonthDay 数组。

```
Private Sub Form_Load()
'装载窗体
    Dim i As Integer
    For i = 1 To 12
        Combo1.AddItem i
    Next i
    MonthDay(1) = 31: MonthDay(2) = 28: MonthDay(3) = 31: MonthDay(4) = 30
    MonthDay(5) = 31: MonthDay(6) = 30: MonthDay(7) = 31: MonthDay(8) = 31
    MonthDay(9) = 30: MonthDay(10) = 31: MonthDay(11) = 30: MonthDay(12) = 31
    Month1 = 1
    Day1 = 1
End Sub
```

单击组合框选择月份，并调用 AddDay 子过程添加列表框 List1 的列表项。

```
Private Sub Combo1_Click()
'单击组合框值
    Month1 = Val(Combo1.Text)
    Call AddDay(Month1)
End Sub
```

单击按钮调用 SumDay 子函数计算天数，调用 Leap 子函数判断是否是闰年，如果不是闰年则将天数+1。

```
Private Sub Command1_Click()
'单击计算按钮
    Dim Sum As Integer
    Sum = Sumday(Month1, Day1)
    If Not Leap(Year1) And Month1 > 2 Then
        Sum = Sum + 1
    End If
    Year1 = Text1.Text
    Label4.Caption = "是" & Year1 & "年的第"
    Text2.Text = Sum
End Sub
```

```
Private Sub List1_Click()
'单击列表框
    Day1 = Val(List1.Text)
End Sub
```

```
Private Sub Command2_Click()
'单击结束按钮
    End
End Sub
```

4. 修改程序

（1）将 AddDay 子过程的形参去掉

将 AddDay 子过程的声明语句改为 Private Sub AddDay()则程序修改如下：

```
Private Sub AddDay()
'添加列表框日期子过程
    Dim i As Integer
    For i = 1 To MonthDay(Month1)
        List1.AddItem i
    Next i
End Sub
```

程序分析：使用全局变量 Month1 来传递数据而不是形参，当在程序中修改 Month1 时会引起全局变量的改变。

(2) 将 AddDay 子过程用子函数实现

将 AddDay 子过程的声明语句改为 Private Function AddDay()，调用程序和子函数内容不变，子函数没有返回值。

(3) 使用静态变量计算天数

将 SumDay 子函数的变量 s 定义为静态变量，每次调用后仍保留其值，则程序应修改为：

Sumday 子函数中的局部变量 s 为静态变量，每次调用后值仍保留，与下次的值相加就可以计算和。

```
Private Function Sumday(m As Integer) As Integer
'计算天数子函数
    Static s As Integer
    s = s + MonthDay(m)
    Sumday = s
End Function

Private Sub Command1_Click()
'单击计算按钮
    Dim Sum As Integer, i As Integer
    For i = 1 To Month1
        Sum = Sumday(i)
    Next i
    Sum = Sum + Day1
    If Not Leap(Year1) And Month1 > 2 Then
        Sum = Sum + 1
    End If
    Year1 = Text1.Text
    Label4.Caption = "是" & Year1 & "年的第"
    Text2.Text = Sum
End Sub
```

(4) 将 Leap 子函数的返回值类型设置为 Integer 型

将 Leap 子函数的返回值类型设置为 Integer 型，则声明语句改为 Private Function Leap(y As Integer) As Integer。

当 Leap 子函数返回值为 True 时转换为 Integer 型是 -1，当返回值为 False 时转换为 Integer 型是 0。

练习：

使用监视窗口添加监视 Month1、Day1、y 和 L，窗口模块级变量和过程级变量的作用范围，以及参数的传递。

9.2 递归调用

实验目的

（1）掌握递归的关系和结束条件。
（2）掌握逐层调用和逐层返回的过程。

实验内容

递归调用是指在过程中直接或间接地调用过程本身。在编写递归程序时应考虑两个方面：递归的形式和递归的结束条件。

【**实验 9-3**】 使用递归调用实现求两个数的最大公约数。

计算两个数的最大公约数的算法：
① 输入两个自然数 M、N。
② 计算 M 除以 N 的余数 R，$R = M \bmod N$。
③ 用 N 替换 M，$M=N$；用 R 替换 N，$N=R$。
④ 若 $R \neq 0$ 则重复上述步骤②③④。

将其转换为递归函数 Divisor：

$$R = M \bmod N$$

$$\text{Divisor} = \begin{cases} N & (R=0) \\ \text{Divisor}(N, R) & (R \neq 0) \end{cases}$$

递归结束条件：$R=0$　Divisor=N。

1. 界面设计

在窗体界面中放置 3 个文本框 Text1～Text3，2 个按钮 Command1 和 Command2，文本框 Text1 和 Text2 用来输入 2 个正整数，单击"计算"按钮 Command1 计算最大公约数，并将结果显示在文本框 Text3 中。

2. 属性设置

界面的属性设置如表 9-2 所示，运行界面如图 9-2 所示，显示了 $M=15$ 和 $N=6$ 时的最大公约数为 3。

表 9-2　窗体中控件属性表

控件名	属性名	属性值	控件名	属性名	属性值
Form1	Caption	计算最大公约数	Text1	Text	空
Command1	Caption	计算	Text2	Text	空
Command2	Caption	退出	Text3	Text	空
Label1	Caption	$M=$		Locked	True
Label2	Caption	$N=$	Label3	Caption	最大公约数为

3. 程序设计

编写递归子函数 Divisor，形参 M 和 N 为两个整数，返回值是最大公约数为整型。

```
Private Function Divisor( ByVal M As Integer,ByVal N As Integer) As Integer
'计算最大公约数子函数
    Dim R As Integer
    R = M Mod N
    If R = 0 Then
        Divisor = N
    Else
        Divisor = Divisor(N, R)
    End If
End Function

Private Sub Command1_Click()
'单击计算按钮
    Dim x As Integer, y As Integer, z As Integer
    x = Val(Text1.Text)
    y = Val(Text2.Text)
    z = Divisor(x, y)
    Text3.Text = z
End Sub

Private Sub Command2_Click()
'单击结束按钮
    End
End Sub
```

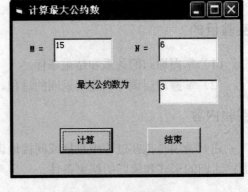

图 9-2　运行界面

(1) 逐语句运行

使用"调试"菜单→"逐语句"菜单项，查看递归的逐层调用和逐层返回的步骤，如图 9-3 所示。

```
Private Function Divisor(M As Integer, N As Integer) As Integer
'计算最大公约数子函数
    Dim R As Integer
                                    R = M Mod N
                                    If R = 0 Then
                                        Divisor = N
                                    Else
                                        Divisor = Divisor(N, R)
                                    End If
                                End Function
```

逐层调用在①和②之间：

Divisor=Divisor(15,6)
　　R=15 Mod 6=3　　Divisor=Divisor(6,3)
　　　　　　　　　　　R=6 Mod 3=0　　Divisor=3

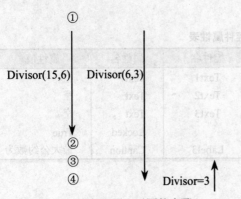

图 9-3　递归调用和返回的步骤

逐层返回在③和④之间：

Divisor=3

（2）检测文本框输入数据的合法性

在文本框 Text1 和 Text2 失去焦点时，验证其输入的是否是数据，并使用模块级变量，则程序代码修改如下：

在窗体模块的"通用"声明段定义模块级变量：

Dim x As Integer, y As Integer

在文本框 Text1 和 Text2 失去焦点的事件中检查是否是数据，并使用变量 x 存放文本框输入的数据。

```
Private Sub Text1_LostFocus()
'文本框失去焦点
    If Not IsNumeric(Text1.Text) Then
        MsgBox "应输入数字", vbOKOnly, "输入出错"
        Text1.SetFocus
    Else
        x = Val(Text1.Text)
    End If
End Sub

Private Sub Text2_LostFocus()
'文本框失去焦点
    If Not IsNumeric(Text2.Text) Then
        MsgBox "应输入数字", vbOKOnly, "输入出错"
        Text2.SetFocus
    Else
        y = Val(Text2.Text)
    End If
End Sub
```

单击"计算"按钮的事件过程如下：

```
Private Sub Command1_Click()
'单击计算按钮
    Dim z As Integer
    z = Divisor(x, y)
    Text3.Text = z
End Sub
```

9.3 综合练习

【实验 9-4】从窗体中的文本框输入一个数，采用调用函数的方法判断是否是素数，对输入的数据必须检查其合法性（是否是数值，是否是整数），如果输入出错要进行出错提示，在文本框中显示判断的结果。

【实验 9-5】 一个数如果恰好等于它的因子之和则称为"完数"，例如，6 的因子是 1、2、3，并且 6=1+2+3，因此 6 是"完数"。使用过程调用，找出 1000 以内的所有"完数"，每找出一个在窗体中显示该数和各因子。

实验 10 图形和多媒体

10.1 坐标系和颜色设置

实验目的

（1）理解坐标系。
（2）熟练掌握颜色的设置。
（3）熟练掌握绘图方法。
（4）掌握文本字体的设置。

实验内容

在窗体或图片框中绘制图形首先要确定坐标，坐标轴的增加方向是从左向右或从上向下。ScaleLeft 和 ScaleTop 属性用于设置对象左上角的坐标，可以方便地修改原点的位置；ScaleHeight 和 ScaleWidth 属性是根据绘图区域的当前宽度和高度来定义刻度。

窗体或控件的 BackColor、ForeColor、BorderColor 和 FillColor 等属性，需要进行颜色的设置。颜色设置可以使用 RGB 函数、QBColor 函数和内部常数。文本的字体可以通过属性窗口设置 Font 属性，也可以使用代码设置。

绘制图形可以使用 Line 和 Shape 控件绘制直线和 6 种不同的形状，也可以使用 Pset、Line 和 Circle 方法绘制点、线和圆。

【实验 10-1】 在图片框中绘制一个太阳、地球和椭圆轨道。

1. 界面设计

在窗体上放置 1 个图片框 Picture1，形状控件 Shape1 用来作为地球，2 个按钮 Command1 "显示太阳" 和 Command2 "显示地球"。

2. 属性设置

设计界面如图 10-1 所示，窗体中的图片框 Picture1 为黑色，放置一个蓝色的形状控件

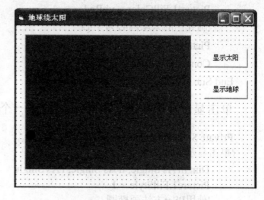

图 10-1 设计界面

Shape1 用来作为地球，程序运行时不显示 Shape1。窗体中对象的属性设置如表 10-1 所示。

表 10-1 窗体中对象的属性

控件名	属 性	属性值
Form1	Caption	地球绕太阳
Picture1	AutoRedraw	True
	BackColor	&H00404040&（黑色）

续表

控件名	属 性	属性值
Shape1	Shape	3-Circle
	Visible	False
Command1	Caption	显示太阳
Command2	Caption	显示地球
	Enabled	False

3. 程序设计

功能要求：单击"显示太阳"按钮在图片框中绘制一个红色的大圆为太阳，单击"显示地球"按钮在图片框中显示一个小圆为地球，并绘制一个椭圆为轨道。

程序代码如下：

装载窗体设置图片框 Picture1 的坐标刻度。

```
Private Sub Form_Load()
'装载窗体
    Picture1.Scale (0, 0)-(100, 100)
End Sub
```

单击"显示太阳"按钮，将图片框 Picture1 设置为白色，并在 Picture1 的中心画一个红色的圆。

```
Private Sub Command1_Click()
'单击显示太阳按钮
    Picture1.FillStyle = 0
    Picture1.BackColor = vbWhite
    Picture1.FillColor = vbRed
    '画红色的太阳圆心为中心
    Picture1.Circle (50, 50), 10, vbRed
    Command2.Enabled = True
End Sub
```

单击显示地球按钮使用 PSet 方法画一个椭圆，并将 Shape1 小圆的圆心移到椭圆上。

```
Private Sub Command2_Click()
'单击显示地球按钮
    Dim m As Single, n As Single, i As Single
    Picture1.FillStyle = 1
    '使用PSet方法画椭圆
    For i = 360 To 0 Step -0.1
        m = 40 * Cos(i)
        n = 40 * 2 / 3 * Sin(i)
        Picture1.PSet (50 + m, 50 + n), vbCyan
    Next i
    Shape1.Width = 5
    Shape1.Visible = True
    Shape1.Move 50 + m - Shape1.Width / 2, 50 + n - Shape1.Width / 2
End Sub
```

程序分析：
- 使用 PSet 方法画椭圆的算法

$$\begin{cases} x = a \times \cos(t) \\ y = b \times \sin(t) \end{cases} \quad t = (0, 2\pi)$$

其中，a 为椭圆长半轴，b 为短半轴。
- 图片框 Picture1 的坐标刻度右下角为(100,100)，则中心为(50,50)。

4. 修改程序

（1）分别使用 RGB 函数和 QBColor 函数设置 Picture1 的背景和前景色

```
Picture1.BackColor = RGB(255,255,255)    '设置为白色
Picture1.FillColor = RGB(255,0,0)        '设置为红色
```

或者：

```
Picture1.BackColor = QBColor(7)          '设置为白色
Picture1.FillColor = QBColor(4)          '设置为红色
```

（2）使用 Circle 方法绘制椭圆轨道

```
Picture1.Circle (50, 50), 40, vbCyan, , , 2 / 3
```

练习：
- 将按钮 Command2"显示地球"的 Enabled 属性设置为 True，先单击"显示地球"按钮再单击"显示太阳"按钮，查看运行界面。
- 将 Command1_Click 事件中的 Picture1.FillStyle = 0 语句去掉，查看运行界面。
- 使用刻度属性 ScaleTop、ScaleLeft、ScaleWidth 和 ScaleHeight 来设置图片框 Picture1 的坐标系。

（3）添加一个定时器控件 Timer1 和按钮 Command3"地球转动"按钮实现地球沿椭圆绕太阳转动

运行界面如图 10-2 所示，属性设置如下：
- Timer1 的 Enabled 属性为 False，Interval 属性为 50。
- Command3 的 Caption 为"地球转动"。

添加程序代码如下：

```
Private Sub Command3_Click()
'单击地球转动按钮
    Timer1.Enabled = True
End Sub
```

当定时时间到时将小圆的圆心移到椭圆上沿椭圆移动。

```
Private Sub Timer1_Timer()
'定时时间到画地球
```

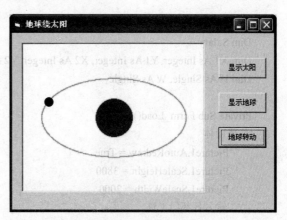

图 10-2 运行界面

```
    Dim x As Single, y As Single
    '定义静态变量
    Static t As Single
     x = 40 * Cos(t)
    y = 40 * 2 / 3 * Sin(t)
    t = t + 0.1
    Shape1.Move 50 + x - Shape1.Width / 2, 50 + y - Shape1.Width / 2
End Sub
```

程序分析:定义静态变量 t,每次运行 Timer1_Timer 事件结束仍保留 t 的值。

练习:

将图片框 Picture1 的 AutoRedraw 属性设置为 False,单击"地球转动"Command3 按钮,查看运行界面。

【**实验 10-2**】 根据人员的平均工资画出各部门工资的折线图。

1. 界面设计

在窗体中放置 1 个图片框 Picture1 用来显示曲线图,3 个按钮 Command1~Command3,分别用来"画坐标轴"、"显示表格"和"工资折线"。

2. 属性设置

窗体中对象的属性设置如表 10-2 所示,运行界面如图 10-3 所示。

表 10-2 窗体中对象的属性

控件名	属 性	属性值
Form1	Caption	工资图表
Picture1	BackColor	&H00FFFF80&
Command1	Caption	画坐标轴
Command2	Caption	显示表格
Command3	Caption	工资折线

3. 程序设计

```
'定义模块级变量
Dim Salary
Dim X1 As Integer, Y1 As Integer, X2 As Integer, Y2 As Integer
Dim H As Single, W As Single

Private Sub Form_Load()
'装载窗体
    Picture1.AutoRedraw = True
    Picture1.ScaleHeight = 3800
    Picture1.ScaleWidth = 2000
    '输入各部门工资
    Salary = Array(1500, 2000, 2300, 1800, 1950, 1680,
```

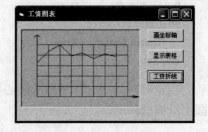

图 12-3 运行界面

1900, 1780)
End Sub

单击"画坐标轴"按钮画纵横坐标轴，每个轴都有箭头。

```
Private Sub Command1_Click()
'画坐标轴
    Picture1.ForeColor = QBColor(1)
    X1 = 300
    Y1 = (Picture1.ScaleHeight - 500)
    X2 = Picture1.ScaleWidth - 200
    Y2 = 200
    '画X坐标轴
    Picture1.Line (X1, Y1)-(X2, Y1)
    Picture1.Line (X2 - 120, Y1 + 50)-(X2, Y1)
    Picture1.Line (X2 - 120, Y1 - 50)-(X2, Y1)
    '画Y坐标轴
    Picture1.Line (X1, Y1)-(X1, Y2)
    Picture1.Line (X1 - 50, Y2 + 120)-(X1, Y2)
    Picture1.Line (X1 + 50, Y2 + 120)-(X1, Y2)
End Sub
```

单击"显示表格"按钮，画 6 行 9 列的表格。

```
Private Sub Command2_Click()
'单击显示表格按钮
    Dim i As Integer
    Picture1.ForeColor = QBColor(3)
    H = (Y1 - Y2) / 6
    W = (X2 - X1) / 8
    '画Y网格
    For i = 1 To 8
        Picture1.Line (X1 + W * i, Y1)-(X1 + W * i, Y1 - H * 5)
    Next i
    '画X网格
    For i = 1 To 6
        Picture1.Line (X1, Y2 + i * H)-(X1 + W * 8, Y2 + i * H)
    Next i
End Sub
```

单击"工资折线"按钮计算最高工资得出工资刻度，并将各部门工资转换成高度，连接各工资点画成折线。

```
Private Sub Command3_Click()
'单击工资折线按钮
    Dim Max As Single, ScaleSalary As Single
    Dim i As Integer
```

```
        '计算最高工资
        For i = 0 To UBound(Salary)
            If Max < Salary(i) Then Max = Salary(i)
        Next i
        ScaleSalary = 5 * H / Max
        Picture1.CurrentX = X1
        Picture1.CurrentY = Y1
        Picture1.ForeColor = QBColor(5)
        '画工资曲线
        For i = 0 To UBound(Salary)
            Picture1.Line -(X1 + W * i, Y1 - Salary(i) * ScaleSalary)
        Next i
    End Sub
```

4. 修改程序

（1）使用柱形图显示

将"工资折线"按钮 Command3 改为"画柱形图"，用来画柱形图，用不同颜色的柱形表示工资。运行界面如图 10-4 所示。

程序代码如下：

单击"画柱形图"按钮，使用 Line 方法画矩形，并用不同的颜色填充矩形。

```
    Private Sub Command3_Click()
    '画柱形图
        Dim Max As Single, ScaleSalary As Single
        Dim i As Integer
        '计算最高工资
        For i = 0 To UBound(Salary)
            If Max < Salary(i) Then Max = Salary(i)
        Next i
        ScaleSalary = 5 * H / Max
        '画工资曲线
        For i = 0 To UBound(Salary)
            Picture1.Line (X1 + W * i, Y1)-(X1 + W * (i + 1), Y1 - Salary(i) * ScaleSalary), QBColor(i), BF
        Next i
    End Sub
```

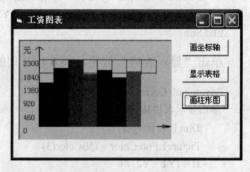

图 10-4　运行界面

（2）给纵坐标轴加工资标注

在 Command3_Click 事件中添加程序代码如下，运行界面如图 10-4 所示。

```
        '纵坐标轴标注
        Picture1.CurrentX = 0
        For i = 0 To 5
            Picture1.CurrentY = Y1 - H * i + 10
```

```
        Picture1.Print Max / 5 * i
    Next i
    Picture1.CurrentX = 50
    Picture1.CurrentY = Y2
    Picture1.Print "元"
```

练习：
- 设置工资标注的字体为"小五"、"楷体"。
- 在图片框 Picture1 中添加标题，在横坐标居中的位置显示"各部门工资"标题，并使用"二号"、"粗体"的字体。

10.2 多媒体应用

实验目的

（1）掌握 Animation 控件的使用。
（2）掌握 MMControl 控件的使用。

实验内容

Visual Basic 提供了 ActiveX 控件可以播放多媒体文件，Animation 控件可以显示无声的视频动画.avi 文件，MMControl 控件可以播放视频和音频文件。

【实验 10-3】 使用通用对话框来打开.avi 文件，在图片框中显示.avi 文件。

1. 添加 ActiveX 控件

用鼠标右键单击控件箱，在"部件"选项卡中选择 Microsoft Multimedia Control 6.0 复选按钮，并选择 Microsoft Common Dialog Control 6.0 复选按钮。就在工具箱添加了 Multimedia 和 CommonDialog 控件。

2. 界面设计

将控件箱中添加的 CommonDialog 控件 CommonDialog1 和 MMControl 控件 MMControl 1 放置在窗体中，并放置 1 个图片框 Picture1，2 个按钮 Command1 和 Command2 用来打开文件和退出程序。

3. 程序设计

程序代码如下：
装载窗体并初始化 MMControl 1，播放.avi 文件的 DeviceType 属性应为 aviVideo。

```
Private Sub Form_Load()
'装载窗体时初始化MMControl1
    MMControl1.DeviceType = "aviVideo"
    MMControl1.Notify = False
End Sub
```

单击"打开文件"按钮使用 CommonDialog1 控件打开文件对话框，并选择.avi 文件显示在图片框 Picture1 中。

```
Private Sub Command1_Click()
'单击打开文件按钮
    CommonDialog1.InitDir = "C:\"
    CommonDialog1.Filter = "AVI文件(*.avi)|*.avi"
    CommonDialog1.ShowOpen
    MMControl1.FileName = CommonDialog1.FileName
    MMControl1.hWndDisplay = Picture1.hWnd
    MMControl1.Command = "open"
End Sub

Private Sub Command2_Click()
'单击退出按钮
    MMControl1.Command = "close"
    Unload Me
End Sub
```

运行界面如图 10-5 所示。

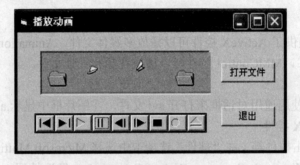

图 10-5 动画播放运行界面

4. 修改程序

在 Form_Load 事件中，添加程序将 Eject 和 Record 按钮不显示。
程序修改如下：

```
MMControl1.EjectVisible = False
MMControl1.RecordVisible = False
```

练习：

- 修改 MMContro1l 的属性，使其在图片框中显示.mpg 文件。
- 使用 Animation 控件来实现同样的功能。

实验 11　鼠标、键盘和 OLE 控件

11.1　鼠标和键盘

实验目的

（1）了解键盘的 ASCII 码值。
（2）熟练掌握鼠标事件。
（3）熟练掌握键盘事件。
（4）掌握 DragDrop 和 DragOver 事件。

实验内容

鼠标事件包括 MouseDown、MouseUp 和 MouseMove，分别当鼠标按下、鼠标释放和鼠标移动时触发的。鼠标事件可以区分鼠标的左、右、中键与 Shift、Ctrl、Alt 键，并可识别和响应各种鼠标状态。

键盘事件是用户敲击键盘时产生的事件，包括 KeyPress、KeyDown 和 KeyUp 事件，分别是键盘按键、键盘按下和键盘释放时触发的。

如果不清楚键盘各按键的 ASCII 码值，可以通过对象浏览器窗口来查看。

在工具栏单击"对象浏览器"按钮，打开对象浏览器窗口，如图 11-1 所示。在搜索栏输入 KeyCodeConstants，然后单击搜索按钮。在"成员"栏出现各种键盘按键常数，单击选择某一个按键常数就可以在下面的描述中显示按键的 ASCII 码值。

例如，Esc 键的说明为 vbKeyEscape = 27 (&H1B)，回车键的说明为 vbKeyReturn = 13，F1 键的说明为 vbKeyF1 = 112 (&H70)。

图 11-1　"对象浏览器"窗口

【实验 11-1】　在窗体中创建一个绘图应用程序。

1. 界面设计

在窗体中放置 1 个图片框 Picture1，4 个按钮组成控件数组 Command1，索引分别为 0、1、2、3，分别表示画线、画方框、画圆和擦除。

2. 属性设置

四个按钮使用图片显示，因此按钮的 Style 属性设置为 1-Graphic，并将其 Picture 属性分别设置为不同的图片文件名。运行界面如图 11-2 所示。

3. 程序设计

功能要求：单击不同的按钮，分别在图片框 Picture1 中画直线、画方框、画圆和擦除。在图片框中按下鼠标确定一个端点，释放鼠标确定另一个端点来画直线、画方框和画圆。在移动鼠标时画白色的圆实现擦除功能。

程序代码如下：

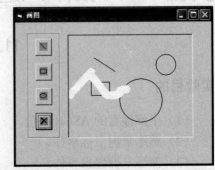

图 11-2　运行界面

```
Dim C1 As Integer, C2 As Boolean
Dim X1 As Integer, Y1 As Integer

Private Sub Command1_Click(Index As Integer)
'单击按钮数组
    Select Case Index
    Case 0
        C1 = 1: C2 = True
    Case 1
        C1 = 2: C2 = True
    Case 2
        C1 = 3: C2 = True
    Case 3
        C1 = 4: C2 = True
    End Select
End Sub
```

按下鼠标确定一个端点的坐标。

```
Private Sub Picture1_MouseDown(Button As Integer, Shift As Integer, X As Single, Y As Single)
'按下鼠标
    If C2 = True Then
        X1 = X
        Y1 = Y
    End If
End Sub
```

鼠标释放确定另一个端点的坐标，并绘图。

```
Private Sub Picture1_MouseUp(Button As Integer, Shift As Integer, X As Single, Y As Single)
'鼠标释放
    Dim r As Single
    Picture1.FillStyle = 1
    If C2 = True Then
        Select Case C1
        Case 1
            Picture1.Line (X1, Y1)-(X, Y)
        Case 2
```

```
            Picture1.Line (X1, Y1)-(X, Y), , B
        Case 3
            r = Sqr((X1 - X) ^ 2 + (Y1 - Y) ^ 2)
            Picture1.Circle (X, Y), r
        End Select
    End If
End Sub
```

鼠标移动实现擦除功能,画白色的圆,圆心在鼠标所在处,半径为100。

```
Private Sub Picture1_MouseMove(Button As Integer, Shift As Integer, X As Single, Y As Single)
'鼠标移动
    If C2 = True And C1 = 4 Then
        Picture1.FillStyle = 0
        Picture1.FillColor = vbWhite
        Picture1.Circle (X, Y), 100, vbWhite
    End If
End Sub
```

程序分析:
- 使用 C1 变量来区分所单击的按钮,变量 C2 来表示是否单击过按钮。
- 单击画圆的按钮后,在图片框中画圆的半径是鼠标按下的位置与释放的位置距离,使用 Sqr((X1 - X) ^ 2 + (Y1 - Y) ^ 2)来计算。

4. 修改程序

(1) 单击不同的按钮使用不同的鼠标指针

在单击不同按钮时,使用不同的鼠标指针来显示。

程序代码修改如下:

```
Private Sub Picture1_MouseMove(Button As Integer, Shift As Integer, X As Single, Y As Single)
'鼠标移动
    If C2 = True And C1 = 4 Then
        Picture1.FillStyle = 0
        Picture1.FillColor = vbWhite
        Picture1.Circle (X, Y), 100, vbWhite
    End If
    Select Case C1
    Case 1
        Picture1.MousePointer = 9
    Case 2
        Picture1.MousePointer = 2
    Case 3
        Picture1.MousePointer = 15
    Case 4
        Picture1.MousePointer = 7
```

            End Select
        End Sub

(2) 使用 Esc 键结束程序,使用 F1 键实现帮助信息

Private Sub Picture1_KeyDown(KeyCode As Integer, Shift As Integer)
'按下键盘键
    If KeyCode = 27 Then
        End
    End If
    If KeyCode = 112 Then
        Select Case C1
        Case 1
            MsgBox "正在画直线"
        Case 2
            MsgBox "正在画方框"
        Case 3
            MsgBox "正在画圆"
        Case 4
            MsgBox "正在擦除"
        End Select
    End If
End Sub

练习:

如果使用 KeyPress 事件是否可以实现 Esc 键和 F1 键的功能。

(3) 添加一个文本框拖放到图片框中

在图片框 Picture1 外部添加一个文本框控件 Text1。Text1 的 DragMode 属性设置为 1,Locked 属性设置为 True,Text 属性设置为 "A"。

功能要求:拖动文本框 Text1 到图片框 Picture1 中,可以在图片框中添加文字。运行界面如图 11-3 所示,显示将文本框 Text1 拖放到图片框 Picture1 中并输入 a。

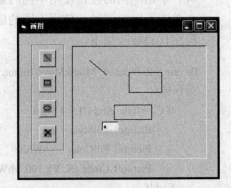

图 11-3 运行界面

程序代码如下:

Private Sub Picture1_DragDrop(Source As Control, X As Single, Y As Single)
'拖放
    Source.Left = X
    Source.Top = Y
    Source.Locked = False
    Source.Text = ""
    Source.SetFocus
End Sub

11.2 OLE 控件

实验目的

（1）掌握 OLE 控件的创建。
（2）掌握 OLE 控件的属性设置和编程。

实验内容

OLE 控件可以用来链接和嵌入对象，使得 Visual Basic 的应用程序能够使用 Windows 环境中的其他应用程序的功能。

【实验 13-2】添加一个"人员简介"字段，使用 OLE 控件来实现 Word 文本输入。

1. 数据库设计

在数据库 Employee.mdb 中的 Person 表中添加一个"人员简介"字段，数据类型是 Binary。

2. 设计界面

在控件箱选择 OLE 控件放置到窗体中，则在窗体中就出现了 OLE1 控件，并出现"插入对象"对话框，如图 11-4 所示，选择 Microsoft Document 对象类型，单击"确定"按钮。

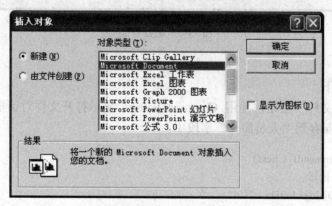

图 11-4 "插入对象"对话框

在工具箱中添加 Microsoft Common Dialog Control 6.0，在窗体上创建 1 个 CommonDialog 控件 CommonDialog1。添加 1 个 Data1 控件，2 个文本框 Text1 和 Text2 分别用来显示工号和姓名字段，3 个按钮 Command1～Command3 是"显示简介"、"修改内容"和"打开文件"。属性设置如表 11-1 所示。

表 11-1 窗体中对象的属性设置

对象名	属 性	属性值	对象名	属 性	属性值
Form1	Caption	人员简介	OLE1	AutoActive	2-DoubleClick
Data1	DatabaseName	Employee.mdb		DataSource	Data1
	RecordSource	Person		DataField	人员简介

(续表)

对象名	属 性	属性值	对象名	属 性	属性值
Text1	Caption	人员管理	Text2	Text	空
	Text	空		DataSource	Data1
	DataSource	Data1		DataField	姓名
	DataField	工号	Command1	Caption	修改内容
Command1	Caption	显示简介	Command1	Caption	打开文件

运行界面如图 11-5 所示，在 OLE1 中显示了人员简介的.doc 文件内容，并可以修改。

图 11-5 运行界面

3. 程序设计

程序代码如下：

单击"打开文件"按钮，使用 CommonDialog1 显示打开文件对话框，打开一个.doc 文件，将该文件保存到"人员简介"字段中。

```
Private Sub Command1_Click()
'单击打开文件按钮
    CommonDialog1.InitDir = "C:\"
    CommonDialog1.Filter = "DOC文件(*.doc)|*.doc"
    CommonDialog1.Action = 1
    Data1.Recordset.Edit
    OLE1.CreateEmbed CommonDialog1.FileName
    Data1.Recordset.Update
    OLE1.DoVerb
End Sub
```

单击"修改内容"按钮，将在 OLE1 中修改.doc 文件的内容并保存到数据库中。

```
Private Sub Command2_Click()
'单击修改内容按钮
    Data1.Recordset.Edit
```

        Data1.Recordset.Update
End Sub

单击"显示简介"按钮,激活 OLE1 控件,显示 Word 文档的内容。

Private Sub Command3_Click()
'显示简介内容
        OLE1.DoVerb
End Sub

练习:
使用 OLE1 链接对象,应如何修改程序?

实验 12 文件操作

12.1 数据文件

实验目的

（1）掌握顺序文件的使用。
（2）掌握随机文件的使用。

实验内容

在 Visual Basic 中有 3 种访问文件的类型：顺序型、随机型和二进制型。

顺序型用于读写连续块中的文本文件，是一系列的 ASCII 码格式的文本行，每行的长度可以变化，只能按顺序存取。随机型用于读写有固定长度记录结构的文本文件或二进制文件，随机文件是以随机存取方式存取的文件，是由一组长度相等的记录组成，每个记录都有一个记录号。二进制型用于读写任意有结构的文件。

【**实验 12-1**】 对顺序文件"人员工资.dat"文件进行输入，并将文件内容读出显示出来。

1. 界面设计

在窗体中放置 5 个文本框 Text1(0)～Text1(4)组成控件数组，用来输入文件内容；放置 1 个列表框 List1 用来显示文件内容，放置 3 个按钮 Command1～Command3，分别是"输入"、"显示"和"结束"。

单击 Command1 "输入"按钮将文本框内容输入到文件中，单击 Command2 "显示"按钮用来显示文件内容到列表框 List1，单击 Command3 "结束"按钮结束程序。

运行界面如图 12-1 所示，显示当单击"显示"按钮时在列表框中显示文件内容。

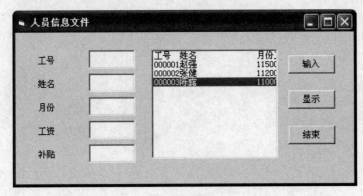

图 12-1 运行界面

2. 程序设计

人员工资的记录项如表 12-1 所示。

单击"输入"按钮，打开文件并将文本框的内容添加到文件的末尾。
程序代码如下：

```
Private Sub Command1_Click()
'单击输入按钮
    Dim No As String * 6, Name As String * 16
    Dim Mon As Integer, Salary As Single, Bonus As Single
    Dim i As Integer
    Dim LineStr As String
    Dim FileN As Integer
    '判断是否输入完
    For i = 0 To 4
        If Text1(i) = "" Then
            MsgBox "数据未输入完", vbOKCancel, "输入出错"
            Exit Sub
        End If
    Next i
    No = Text1(0).Text
    Name = Text1(1).Text
    Mon = Val(Text1(2).Text)
    Salary = Val(Text1(3).Text)
    Bonus = Val(Text1(4).Text)
    '打开文件输入数据
    FileN = FreeFile
    Open "c:\人员工资.dat" For Append As #FileN
    Write #FileN, No, Name, Mon, Salary, Bonus
    For i = 0 To 4
        Text1(i) = ""
    Next i
    Close
End Sub
```

表 12-1 工资记录项

字段名	类型	大小
工号	Text	6
姓名	Text	16
月份	Integer	
工资	Single	
补贴	Single	

单击"显示"按钮将文件打开，循环读出文件内容到变量，然后将变量显示在列表框中。

```
Private Sub Command2_Click()
'单击显示按钮
    Dim FileN As Integer
    Dim No As String * 6, Name As String * 16
    Dim Mon As Integer, Salary As Single, Bonus As Single
    FileN = FreeFile
    Open "c:\人员工资.dat" For Input As FileN
    List1.AddItem "工号    " & "姓名              " & "月份" & "工资" & "补贴"
    Do While Not EOF(FileN)
        Input #FileN, No, Name, Mon, Salary, Bonus
```

```
        List1.AddItem No & Name & Mon & Salary & Bonus
    Loop
    Close
End Sub

Private Sub Command3_Click()
'单击结束按钮
    End
End Sub
```

程序分析：
- 将文件以添加记录的方式打开，使用 Append 方式；用输入的方式打开使用 Input 方式。
- EOF 函数用来判断文件是否到末尾。

3. 修改程序

（1）使用 Line Input 语句将文件内容一行行显示出来

程序代码如下：

```
Private Sub Command2_Click()
'单击显示按钮
    Dim FileN As Integer
    Dim No As String
    FileN = FreeFile
    Open "c:\人员工资.dat" For Input As FileN
    Do While Not EOF(FileN)
        Line Input #FileN, No
        List1.AddItem No
    Loop
    Close
End Sub
```

（2）使用 Seek 语句查找第 10 个字符

添加一个按钮 Command4 用来查找第 10 个字符，并显示在列表框中，程序代码如下：

```
Private Sub Command4_Click()
    Dim FileN As Integer
    Dim No As String
    FileN = FreeFile
    Open "c:\人员工资.dat" For Input As FileN
    Seek FileN, 10
    No = Input(2, #1)
    List1.AddItem No
    Close
End Sub
```

练习：
- 使用 OutPut 方式打开文件，输入文件内容并显示。
- 使用 LOF 函数查看文件的大小。

【实验 12-2】 对随机文件"工资信息.dat"文件实现添加记录和删除记录功能。

1. 界面设计

在窗体中放置 5 个文本框 Text1(0)～Text1(4)组成控件数组，放置了 4 个按钮 Command1～Command4，分别为"输入"、"查找"、"删除"和"结束"。运行界面如图 12-2 所示，单击"删除"按钮出现输入框。

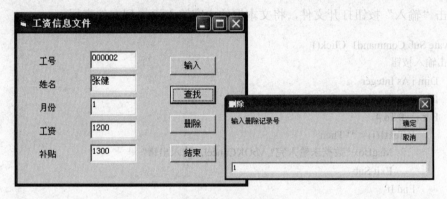

图 12-2 运行界面

2. 程序设计

（1）创建标准模块

随机文件的访问，只要按照记录号就可以检索到相应的记录。每一条记录都可以包含多个记录项，通常采用定义数据类型 Type…End Type 来定义记录的结构。创建一个标准模块 Module1，程序代码如下：

```
Type PersonType
      工号   As String * 6
      姓名   As String * 16
      月份   As Integer
      工资   As Single
      补贴   As Single
End Type
```

（2）窗体模块
程序代码如下：

```
Dim Person As PersonType
Dim RecL As Long, RecN As Long

Private Sub Form_Load()
'装载窗体
```

```
        With Person
            .工号  = Text1(0).Text
            .姓名  = Text1(1).Text
            .月份  = Val(Text1(2).Text)
            .工资  = Val(Text1(3).Text)
            .补贴  = Val(Text1(4).Text)
        End With
        '获取记录的长度
        RecL = Len(Person)
End Sub
```

单击"输入"按钮打开文件,将文本框的内容输入添加到文件末尾。

```
Private Sub Command1_Click()
'单击输入按钮
    Dim i As Integer
    Dim FileN As Integer
    For i = 0 To 4
        If Text1(i) = "" Then
            MsgBox "数据未输入完", vbOKCancel, "输入出错"
            Exit Sub
        End If
    Next i
    FileN = FreeFile
    RecL = Len(Person)
    Open "c:\工资信息.dat" For Random As #FileN Len = RecL
    RecN = LOF(FileN) / RecL + 1
    '在文件的末尾添加记录
    Put #FileN, RecN, Person
    For i = 0 To 4
        Text1(i) = ""
    Next i
    Close
End Sub
```

单击"查找"按钮输入记录号,将记录内容显示在文本框中。

```
Private Sub Command2_Click()
'单击查找按钮
    Dim FileN As Integer
    Dim Num As Integer
    FileN = FreeFile
    Num = Val(InputBox("输入查找记录号", "查找"))
    Open "c:\工资信息.dat" For Random As FileN Len = RecL
    If Num < LOF(FileN) / RecL Then
        Get #FileN, Num, Person
        Text1(0).Text = Person.工号
```

```
            Text1(1).Text = Person.姓名
            Text1(2).Text = Person.月份
            Text1(3).Text = Person.工资
            Text1(4).Text = Person.补贴
        Else
            MsgBox "输入记录号出界", vbOKOnly, "输入出错"
        End If
End Sub
```

单击"删除"按钮输入删除记录号,将不删除的记录保存到一个新文件中,将原文件删除,并将新文件重命名。

```
Private Sub Command3_Click()
'单击删除按钮
    Dim FileN As Integer, FileN1 As Integer
    Dim Num As Integer, ReadNum As Integer
    FileN = FreeFile
    Num = Val(InputBox("输入删除记录号", "删除"))
    Open "c:\工资信息.dat" For Random As FileN Len = RecL
    FileN1 = FreeFile
    Seek #FileN, 1
    Open "c:\工资信息1.dat" For Random As FileN1 Len = RecL
    If Num < LOF(FileN) / RecL Then
        Do While Not EOF(FileN)
            ReadNum = ReadNum + 1
            '读出记录内容
            Get #FileN, ReadNum, Person
            If ReadNum <> Num Then
            '如果不是删除记录号就将该记录写入临时文件中
                Put #FileN1, ReadNum, Person
            End If
        Loop
        Close #FileN
        Kill "c:\工资信息.dat"
        Close #FileN1
        Name "c:\工资信息1" As "工资信息"
    Else
        MsgBox "输入记录号出界", vbOKOnly, "输入出错"
    End If
End Sub

Private Sub Command4_Click()
'单击结束按钮
    End
End Sub
```

程序分析：
- Kill 语句将文件删除。
- Name 语句将文件重命名。

12.2 FSO 对象模型

实验目的

（1）熟练掌握 FSO 对象模型中对象的创建。
（2）掌握 FSO 对象模型的文件操作。

实验内容

FSO 对象模型可以很简单地创建文件、文件夹，并能够很方便地访问和操作驱动器、文件夹和文件。

FSO 对象模型包含在 Scripting 类型库中。如果尚未对其进行引用，可选择"工程"菜单中的"引用"菜单项，打开"引用"对话框，再选择 Microsoft Scripting Runtime 复选框，如图 12-3 所示。

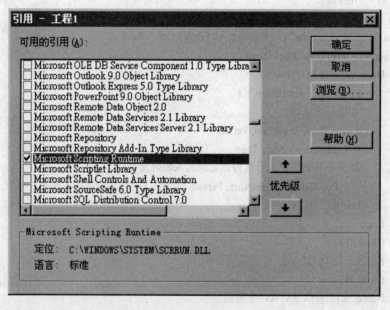

图 12-3 引用 Scripting 类型库

【实验 12-3】 使用 FSO 对象模型在窗体中创建文件夹和文件，并输入文本文件的内容。

1. 引用 Scripting 类型库

选择"工程"菜单→"引用"菜单项，在"引用"对话框中选择 FSO 对象模型。

2. 界面设计

在窗体中放置驱动器列表框 Drive1、目录列表框 Dir1 和文件列表框 File1 用于选择文件系统；4 个按钮 Command1~Command4 分别是"新建文件"、"新建文件夹"、"输入文本"和"退出",分别用来新建文件、新建文件夹、输入文本文件内容和退出系统。

运行界面如图 12-4 所示,单击"新建文件"按钮出现输入框用来输入文件名。

图 12-4 运行界面

3. 程序设计

程序代码如下:

```
Dim Fso As New FileSystemObject
Dim TxtFile1 As TextStream

Private Sub Form_Load()
'装载窗体
    Set Fso = CreateObject("Scripting.FileSystemObject")
    File1.Pattern = "*.txt"
End Sub

Private Sub Dir1_Change()
'改变目录
    File1.Path = Dir1.Path
End Sub

Private Sub Drive1_Change()
'改变驱动器
    Dir1.Path = Drive1.Drive
End Sub
```

单击"输入文本"按钮出现输入框,将输入框中的内容输入到文件列表框中所选择的文件中。

```
Private Sub Command3_Click()
'单击输入文本按钮
    Dim FileStr As String
    If File1.FileName <> "" Then
        FileStr = InputBox("请输入文件内容", "输入")
        TxtFile1.Write (FileStr)
```

        End If
End Sub

单击"新建文件夹"按钮,在当前文件夹下创建新文件夹,用输入框输入新文件夹名。

```vb
Private Sub Command2_Click()
'单击新建文件夹按钮
    Dim txtFolder1 As Folder
    Dim FolderName As String
    FolderName = InputBox("请输入文件夹名", "输入")
    Set txtFolder1 = Fso.CreateFolder(Dir1 & "\" & FolderName)
    Dir1.Refresh
End Sub
```

单击"新建文件"按钮,在当前文件夹下创建新文件,在输入框中输入新文件名。

```vb
Private Sub Command1_Click()
'单击新建文件按钮
    Dim FileName As String
    FileName = InputBox("请输入文件名", "输入")
    Set TxtFile1 = Fso.CreateTextFile(Dir1 & "\" & FileName)
    File1.Refresh
End Sub


Private Sub Command4_Click()
'单击退出按钮
    End
End Sub
```

练习:
- 使用 FSO 对象模型实现文件的复制。
- 用编辑软件显示文件的内容。
- 添加"打开文本文件"按钮,使文本文件内容可以显示在文本框中。

PART 2 第 2 部分
Visual Basic 数据库综合应用实习

实验 13 数据库操作（1）

13.1 可视化数据管理器

实验目的

（1）熟练掌握使用 VisData 窗口建立数据库的数据表。
（2）掌握使用 VisData 窗口建立查询。
（3）掌握使用 SQL 建立查询。

实验内容

实际应用时，一般采用 Access 软件直接创建数据库及其包含的对象，但要注意其版本与 VB 的匹配。

可视化数据管理器 VisData 是 Visual Basic 提供的数据库设计工具，可以用来创建、修改数据库。并可以建立查询，功能简单容易使用。

SQL 是结构化查询语言，可以用于数据库查询的建立。

启动可视化数据管理器的方法有：

● 选择"外接程序"菜单→"可视化数据管理器"菜单项，就可以打开 VisData 窗口。
● 在 Windows 环境的资源管理器中双击 VisData.exe 文件，就可以打开 VisData 窗口。

在 VisData 窗口如图 13-1 所示，窗口的工具栏有 9 个按钮，其功能如表 13-1 所示。

【实验 13-1】 使用可视化数据管理器 VisData 创建人员管理数据库。

人员管理数据库为 Employee.mdb 文件，包括人员信息表 Person 为人员的个人信息资料，数据表结构如表 13-2 所示。

1. 创建数据库

选择 VisData 窗口的"文件"菜单→"新建"菜单项→Microsoft Access…菜单项→Version 7.0 MDB 菜单项，如图 13-2（a）所示，在出现的文件对话框中输入数据库名 Employee.mdb，则在数据管理器中出现如图 13-2（b）中"数据库窗口"和"SQL 语句"两个子窗口。

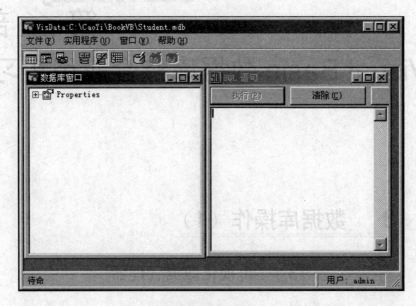

图 13-1 数据管理器

表 13-1 VisData 窗口中的工具栏

图标	名称	功能
	表类型记录集	可直接对数据更改
	动态集类型记录集	可以加快运行的速度，但不可自动更新数据
	快照类型记录集	数据只能读取，不能更改
	在新窗体上使用 Data 控件	在窗体上只对单个记录显示并操作
	在新窗体上不使用 Data 控件	与相似只显示单个记录，但按钮有所不同
	在新窗体上使用 DBGrid 控件	在窗体上显示多个记录并操作
	开始事务	将所更改的信息写入内存数据表中
	回滚当前事务	取消原先进行的写操作
	提交当前事务	确认写操作，不能再恢复

表 13-2 人员信息表

字段名	类型	大小	备注
工号	Text	6	必要
姓名	Text	16	必要
性别	Boolean		
部门	Text	20	
年龄	Integer		
职称	Text	10	

2．建立数据表

在数据管理器中为数据库添加一个数据表 Person。

实验13 数据库操作（1）

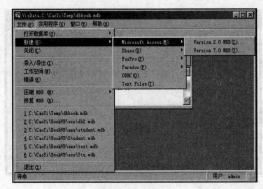
(a) "新建"菜单

(b) 数据管理器窗口

图 13-2 创建数据库

将鼠标指针移到图 13-2（b）左侧的"数据库窗口"单击鼠标右键，选择"新建表"菜单项，则出现"表结构"对话框，如图 13-3 所示。

图 13-3 "表结构"对话框

单击"添加字段"按钮来添加字段，则出现如图 13-4 所示窗体。添加字段名称、类型、大小等。添加完字段后单击"确定"按钮，在图 13-3 中单击"生成表"按钮生成数据表。

3. 输入记录

在 VisData 窗口左侧"数据库窗口"中出现 Person 表，用鼠标右键单击 Person 表在下拉菜单中选择"打开"菜单项，出现输入记录窗口。

单击"添加"按钮添加新记录，输入每个字段内容，单击"更新"按钮，提示"保存新记录吗？"，单击"是"按钮，然后单击"添加"按钮添加新记录，"删除"按钮删除记录，"查找"按钮查找记录，"关闭"按钮关闭窗口。如图 13-5 所示为用 Data 控件显示的单个记录的输入窗口。

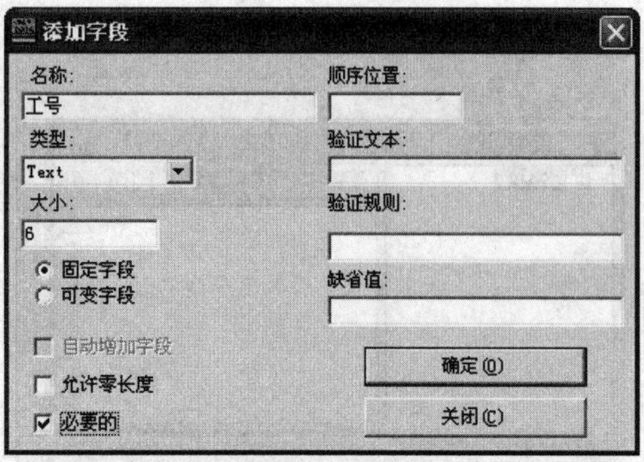

图 13-4 添加字段 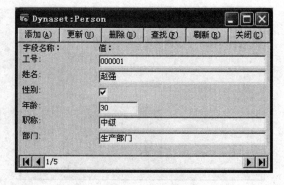图 13-5 添加记录

单击工具栏的 按钮则以网格控件方式显示,如图 13-6 所示。

练习:
- 在"数据库窗口"中,查看各表的 Fields、Indexes 和 Properties。
- 在图 13-6 中进行添加、修改和删除记录。

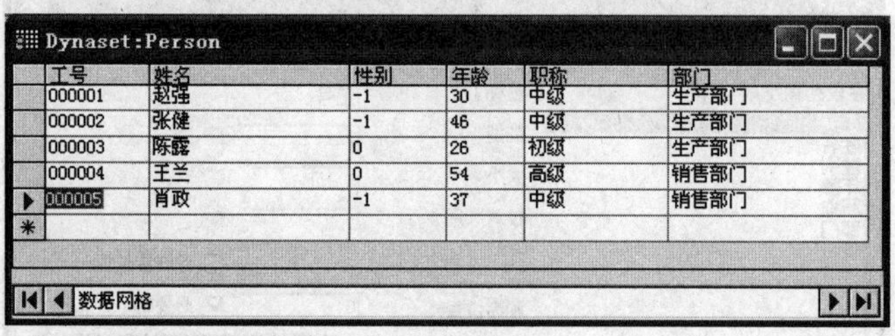

图 13-6 数据网格

4. 添加索引

给 Person 表添加一个索引,单击图 13-3 中的"添加索引"按钮,将"工号"字段设置为索引,以加速搜索记录的搜索,"添加索引"对话框如图 13-7 所示。

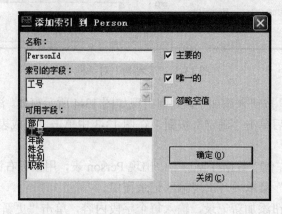

图 13-7 "添加索引"对话框

在 VisData 窗口右侧的"数据窗口"中 Person 表的 Indexes 中就出现了刚添加的索引 PersonId。

5. 建立查询

创建一个查询将"职称"为中级的记录查找出来。

用鼠标右键单击"数据库窗口",或用鼠标右键单击 Person 表,在下拉菜单中选择"新建查询"菜单项,则出现"查询生成器"窗口,如图 13-8 所示。

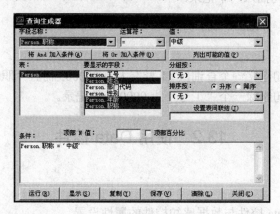

图 13-8 "查询生成器"窗口

- 要显示的字段:选择在查询中要显示的字段,选择"Person.姓名"、"Person.年龄"、"Person.职称"。
- 字段名称:查询条件中要用的字段名,选择"Person.职称"。
- 运算符:选择查询条件中的运算符,选择=。
- 值:输入查询条件中的值,输入"中级"。

单击"将 And 加入条件"将条件显示在"条件:"框;单击"显示"按钮,显示查询的 SQL 语句;单击"运行"按钮,出现"这是 SQL 传递查询?"对话框,单击"否"就显示符合查询条件的记录;单击"保存"按钮,输入查询名称为 PersonPost,打开查询如图 13-9 所示。

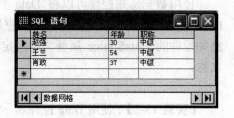

图 13-9 打开查询

6. 输入 SQL 语句

在 VisData 的"数据窗口"中出现了已建立的 PersonPost 查询,用鼠标右键单击查询名,在下拉菜单中选择"设计"菜单项,则在 VisData 右侧的"SQL 语句"窗口中就出现如下 SQL 语句:

SELECT Person.姓名, Person.年龄, Person.职称 FROM Person WHERE (Person.职称 = '中级');

(1) 添加"工号"字段

在查询中添加一个"工号"字段显示,在 SELECT 子句中增加"Person.工号":

SELECT Person.姓名, Person.工号, Person.年龄, Person.职称 FROM Person WHERE (Person.职称 = '中级');

(2) 将记录按年龄排序

使用 Order by 子句进行排序:

SELECT Person.姓名,Person.年龄, Person.职称FROM Person WHERE (Person.职称 = '中级') Order by Person.年龄；

（3）插入一个记录

使用 INSERT 子句插入一个记录：

insert into Person (工号) values('000006')

练习：
- 使用 SQL 语句建立一个查询，"工号"大于 000003 而且 "职称" 为高级的记录。
- 使用 SQL 语句删除一个 "工号" 为 000003 的记录。

13.2　使用 Data 控件

实验目的

（1）熟练掌握 Data 控件与数据感知控件的属性设置。
（2）熟练掌握 Data 控件 Recordset 的编程。

实验内容

控件箱中的 Data 控件是用于数据库操作的控件，使用 Data 控件的 Recordset 可以实现对记录的移动、添加、删除、更新等操作，可以不用编程就实现在窗体显示数据表。

使用数据感知控件可以将 Data 控件访问的数据库在窗体显示出来，使用数据控件的 DatabaseName 属性确定所连接的数据库，使用 RecordSource 属性指定记录来源；设置数据感知控件的 DataSource 属性为所绑定 Data 控件，设置 DataField 属性为所要显示的字段名称。

【实验 13-2】　使用 Data 控件显示和操作人员管理数据库中的人员信息表 Person。

1. 设计界面

使用 5 个文本框 Text1～Text5 输入工号、姓名、部门、年龄、职称字段；使用复选框 Check1 输入性别字段,选中为 True 表示男；使用 4 个按钮 Command1～Command4 实现移动记录，分别移到第一个、前一个、后一个和最后一个；使用 Command5～Command7 实现添加、删除和修改记录；使用 Command8 退出程序。

运行界面如图 13-10 所示。

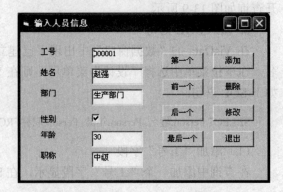

图 13-10　运行界面

2. 属性设置

通过设置 Data1 控件和数据感知控件实现与数据库的连接，控件的属性设置如表 13-3 所示。

表 13-3 属性设置

对象名	控件名	属性	属性值	说明
Data	Data1	DatabaseName RecordSource Visible	…/employee.mdb Person False	数据库名 数据表名 不使用 Data 控件的按钮
TextBox	Text1	DataSource DataField	Data1 工号	数据源 绑定的字段
	Text2	DataSource DataField	Data1 姓名	数据源 绑定的字段
	Text3	DataSource DataField	Data1 部门	数据源 绑定的字段
	Text4	DataSource DataField	Data1 年龄	数据源 绑定的字段
	Text5	DataSource DataField	Data1 职称	数据源 绑定的字段
CheckBox	Check1	DataSource DataField	Data1 性别	数据源 绑定的字段

窗体中按钮的 Caption 属性如图 13-10 所示,在此略。

3. 程序设计

```
Private Sub Command1_Click()
'单击第一个按钮
    Data1.Recordset.MoveFirst
End Sub


Private Sub Command2_Click()
'单击前一个按钮
    Data1.Recordset.MovePrevious
    If Data1.Recordset.BOF Then
        Data1.Recordset.MoveFirst
    End If
End Sub

Private Sub Command3_Click()
'单击后一个按钮
    Data1.Recordset.MoveNext
    If Data1.Recordset.EOF Then
        Data1.Recordset.MoveLast
    End If
End Sub

Private Sub Command4_Click()
'单击最后一个按钮
    Data1.Recordset.MoveLast
```

End Sub

```
Private Sub Command5_Click()
'单击添加按钮
    Data1.Recordset.AddNew
End Sub

Private Sub Command6_Click()
'单击删除按钮
    Dim msg
    msg = MsgBox("要删除吗?", vbYesNo, "删除记录 ")
    If msg = vbYes Then
        Data1.Recordset.Delete
        Data1.Recordset.MoveLast
    End If
End Sub

Private Sub Command7_Click()
'单击修改按钮
    Data1.Recordset.Edit
    Data1.Recordset.Update
End Sub

Private Sub Command8_Click()
'单击结束按钮
    End
End Sub
```

练习:

使用"调试"菜单的"逐过程"运行"后一个"按钮的程序,查看 EOF 属性值的变化。

4. 修改程序

(1) 在性别字段使用复选框的 Caption 显示"男"和"女"

当"性别"字段为 True 时,显示"男",否则显示"女",在每个移动按钮的程序代码中增加程序,Command1 的程序修改如下:

```
Private Sub Command1_Click()
'单击第一个按钮
    Data1.Recordset.MoveFirst
    If Data1.Recordset.Fields("性别") = True Then
        Check1.Caption = "男"
    Else
        Check1.Caption = "女"
    End If
End Sub
```

（2）添加一个"查找"按钮

在窗体中添加一个查找按钮Command9，单击按钮出现输入框，输入查找工号为000004的记录，程序代码如下：

```
Private Sub Command9_Click()
'单击查找按钮
    Dim String1 As String
    String1 = InputBox("输入查找条件", "查找")
    '从第一个记录查找
    Data1.Recordset.FindFirst String1
    If Data1.Recordset.NoMatch Then        '如果没找到
        MsgBox "找不到" & String1
    End If
End Sub
```

当运行程序，输入框如图13-11所示。由于工号为文本型，要用单引号"'"括起来。查找后该记录为当前记录。

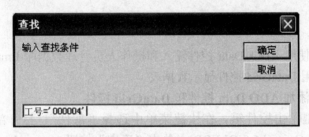

图13-11　输入框

练习：

查找职称为中级的记录，分别使用 FindFirst、FindNext、FindPrevious 和 FindLast 来查找。

（3）使用 BookMark 定位记录

使用记录集的 BookMark 属性定位工号为 000004 的记录：

```
Private Sub Command9_Click()
    Dim Bookmark1 As Variant
    Data1.Recordset.FindFirst "工号='000004'"
    '设置书签
    Bookmark1 = Data1.Recordset.Bookmark
    Data1.Recordset.MoveFirst
    '移到书签位置
    Data1.Recordset.Bookmark = Bookmark1
End Sub
```

练习：

使用 Find 语句设置两个书签，将记录指针在两个书签跳转。

实验 14　数据库操作（2）

14.1　ADO Data 控件

实验目的

（1）掌握 ADO 数据控件的属性设置。
（2）掌握 DataGrid 控件的使用。

实验内容

ADO Data 控件比 Data 控件功能更强大，使用 ConnectionString 属性建立到数据源的连接，使用 RecordSource 属性设置记录的来源。

ADO Data 控件可以与更多的数据感知控件绑定，DataGrid 控件以表格的形式显示数据表。

【实验 14-1】　使用 ADO Data 控件输入和操作人员管理数据库 Employee.mdb 的人员信息表 Person，使用 DataGrid 控件显示数据表。

1. 在控件箱中添加 ADO Data 控件和 DataGrid 控件

① 用鼠标右键单击控件箱，在快捷菜单中选择"部件"，打开部件选项卡，选择 Microsoft ADO Data Control 6.0(OLEDB)，单击"确定"按钮。

② 用鼠标右键单击控件箱，在快捷菜单中选择"部件"，打开部件选项卡，选择 Microsoft DataGrid Control 6.0(OLEDB)，单击"确定"按钮。

2. 界面设计

在界面中放置 1 个 ADO Data 控件 Adodc1，1 个 DataGrid 控件 DataGrid1，添加 1 个框架控件 Frame1，在框架中放置一个"查询"按钮 Command4，1 个文本框 Text1 用来输入查询的部门，单击"查询"按钮在 DataGrid1 中显示符合条件的记录；单击"显示全部"按钮 Command5 用来显示所有记录；还有 3 个按钮，Command1、Command2 用来添加和删除记录，Command3 按钮用于退出程序。设计界面如图 14-1 所示。

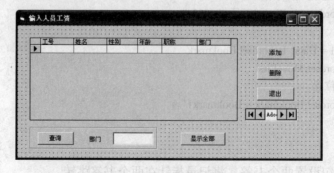

图 14-1　设计界面

3. 属性设置

（1）设置 Adodc1 的属性

在属性窗口单击 ConnectionString 属性右侧的 ... 按钮，则出现如图 14-2（a）所示的属性页，选择"使用连接字符串"，单击"生成"按钮，出现如图 14-2（b）所示的"数据链接属性"窗口，选择数据库 Employee.mdb 文件，单击"测试连接"按钮，如果测试成功则设置完毕。

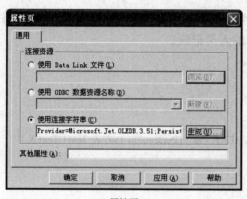 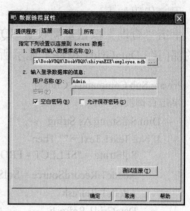

(a) 属性页　　　　　　　　　　　　　　　(b) 数据链接属性

图 14-2　设置 ADO Data 控件属性

在属性窗口单击 RecordSource 右侧的 ... 按钮，出现如图 14-3 所示的属性页，选择命令类型为 1-adCmdText，在"命令文本"框中输入 SQL 语句 SELECT * FROM Person，表示数据源为 Person 表的所有记录。将 Adodc1 的 Visible 属性设置为 False。

练习：

将 Adodc1 的 RecordSource 属性设置为数据表 Person，应如何在图 14-3 中设置？

（2）设置 DataGrid1 属性

设置 DataGrid 控件的 DataSource 属性为 Adodc1。用鼠标右键单击 DataGrid1 控件，选择"检索字段"菜单项，则 DataGrid1 控件的表格中各列字段用数据源的记录集来填充。用鼠标右键单击 DataGrid1 控件，选择"属性"菜单项打开属性页，如图 14-4 所示。

图 14-3　属性页一　　　　　　　　　　　图 14-4　属性页二

在"布局"选项卡中调整各列的布局,并在"格式"选项卡中将"性别"列设置为显示"男"、"女"。

练习:
- 给 DataGrid1 控件增加标题。
- 调整 DataGrid1 控件的布局使其不显示"年龄"字段。

4. 程序设计

程序代码如下:

单击"查询"按钮重新设置 SQL 语句作为 Adodc1 的数据源,根据文本框 Text1 中输入的部门在 DataGrid1 控件上显示所查询部门的人员记录。

```
Private Sub Command4_Click()
'单击查询按钮
    Dim SqlString As String
    If Not Text1.Text = "" Then
        SqlString = "SELECT * FROM Person WHERE " & " (Person.部门)='" & Text1.Text & "'"
        Adodc1.RecordSource = SqlString
        Adodc1.Refresh
        DataGrid1.Refresh
    End If
End Sub
```

单击"显示全部"按钮修改 Adodc1 的 SQL 语句数据源,显示所有的记录。

```
Private Sub Command5_Click()
'单击显示全部按钮
    Dim SqlString As String
    SqlString = "SELECT * FROM Person "
    Adodc1.RecordSource = SqlString
    Adodc1.Refresh
    DataGrid1.Refresh
End Sub

Private Sub Command1_Click()
'单击添加按钮
    Adodc1.Recordset.AddNew
End Sub

Private Sub Command2_Click()
'单击删除按钮
    Dim msg As Integer
    msg = MsgBox("要删除吗?", vbYesNo, "删除记录 ")
    If msg = vbYes Then
        Adodc1.Recordset.Delete
        Adodc1.Recordset.MoveLast
    End If
```

End Sub

Private Sub Command3_Click()
'单击退出按钮
    End
End Sub

运行界面如图 14-5 所示。

图 14-5　运行界面

14.2　数据报表

实验目的

（1）掌握数据环境设计器的设置。
（2）掌握报表的设计。
（3）掌握报表的函数控件的统计运算。

实验内容

DataReport 对象是数据报表设计器，将数据环境设计器作为数据源，可以创建报表，并可以进行统计运算。

在人员管理数据库 Employee.mdb 中增加一个工资表 Salary，Salary 的结构如表 14-1 所示。

表 14-1　Salary 数据表

字段名	类型	大小	备注
工号	Text	6	必要
姓名	Text	16	必要
月份	Integer		必要
工资	Single		
补贴	Single		

Salary 数据表的数据内容如图 14-6 所示。

工号	姓名	月份	工资	补贴
000001	赵强	1	1500	1200
000002	张健	1	1200	1300
000003	陈露	1	1000	1300
000004	王兰	1	1500	1700
000005	肖政	1	1200	1400

图 14-6 Salary 表

【实验 14-2】 将人员的工资信息在报表上显示出来。

1. 设置数据源

（1）添加数据环境设计器

选择"工程"菜单→"添加 Data Enviroment"菜单项，添加一个数据环境设计器对象，并有一个 Connection1 对象。

（2）设置 Connection 对象属性

在 Connection1 对象上单击鼠标右键，在快捷菜单中选择"属性"菜单项，则会出现"数据链接属性"选项卡，在"提供者"选项卡中选择 Microsoft Jet 3.51 OLE DB Provider，单击"下一步"按钮，在出现的"连接"选项卡中，选择数据库 Employee.mdb；然后，单击"测试连接"按钮，如果测试连接成功则建立了连接。

（3）用鼠标右键单击数据环境窗口中的 Connection1 对象，选择"添加命令"菜单项，则添加了 Command1 对象，用鼠标右键单击 Command1 对象，选择"属性"菜单项打开"属性"选项卡，如图 14-7 所示。在属性选项卡中输入表 Salary。

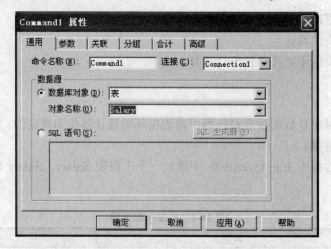

图 14-7 Command1 属性设置

练习：

添加子命令，使用查询设计器用 Person 表与 Salary 表生成查询，将"工号"字段关联，显示工号、姓名、年龄、职称、月份、工资和补贴。

2. 添加 Data Report 对象

选择"工程"菜单→"添加 Data Report"菜单项,将数据报表设计器 DataReport1 添加到工程中。

3. 设置 DataReport 对象属性

设置 DataReport1 的 DataSource 属性为 DataReport1,DataMember 属性为 Command1。用鼠标右键单击报表设计器选择"检索结构"菜单项,出现对话框"用新的数据层次代替现在的报表布局吗?",单击"是"按钮,则完成设置。

4. 添加控件

(1) 在报表标头中设置报表名

从控件箱中选择 RptLabel 控件,拖放到报表标头中,将 Caption 属性设置为"人员工资表",字体设置为"三号"、"粗体"。

(2) 在细节中放置月份、工号、姓名、工资和补贴字段

从数据环境设计器的 Command1 的字段中拖放月份、工号、姓名、工资和补贴字段到细节中,则每个字段自动出现一个标签和一个文本框。将"月份"的标签改为"月"并调整各控件的位置。

数据环境设计器中的显示如图 14-8 所示,设计好的 DataReport1 界面如图 14-9 所示。

图 14-8 数据环境设计器

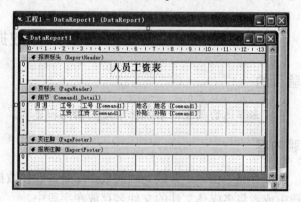

图 14-9 报表设计

5. 运行显示报表

选择"工程"菜单→"工程 1 属性"菜单项,将"启动对象"设置为 DataReport1,运行工程,显示报表。

6. 计算平均工资和补贴

在"报表注脚"放置两个 Function 控件,用来计算平均工资和平均补贴。Function 控件的属性设置如表 14-2 所示。显示的报表如图 14-10 所示。

表 14-2 Function 控件的属性

属 性	属性值	属 性	属性值
Name	Function1	Name	Function2
DataMember	Command1	DataMember	Command1
DataField	工资	DataField	补贴
FunctionType	1-rptFuncAve	FunctionType	1-rptFuncAve

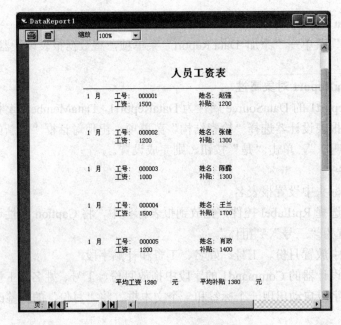

图 14-10 数据报表

14.3 多媒体数据库

实验目的

掌握多媒体数据库中多媒体字段的输入和显示。

实验内容

能够存储影像、声音或动画的数据库是多媒体数据库,可以将多媒体数据直接存放在字段中或者将多媒体文件的文件名存放在字段中。

【实验 14-3】 在人员管理数据库 Employee.mdb 的人员信息表 Person 中,增加"照片"字段,用来存放人员的照片。使用照片字段来存放图片文件名和路径。

1. 增加一个"照片"字段

在 VisData 窗口中给 Person 人员信息表增加一个"照片"字段,数据类型为文本型,长度为 50。

2. 在控件箱放置 ADO Data、DataGrid、CommonDialog 控件

用鼠标右键单击控件箱,在快捷菜单中选择"部件",打开部件选项卡,选择 Microsoft ADO Data Control 6.0(OLEDB)、Microsoft DataGrid Control 6.0(OLEDB)和 Microsoft Common Dialog Control 6.0,单击"确定"按钮。

3. 界面设计

在界面放置 ADO Data 控件 Adodc1 用于连接 Employee.mdb 数据库的 Person 表,放置 DataGrid 控件 DataGrid1 用于显示 Person 表,放置 CommonDialog 控件 CommonDialog1 用

于打开图形文件，放置 1 个 Image 控件 Image1 用于显示照片字段，并放置 4 个按钮 Command1～Command4，分别用于添加记录，删除记录，添加照片字段和退出。

运行界面如图 14-11 所示。

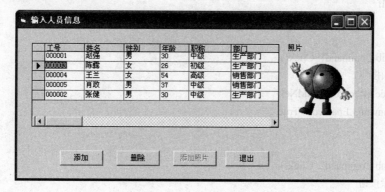

图 14-11 运行界面

4. 设置属性

窗体的对象属性设置如表 14-3 所示。

表 14-3 窗体的对象属性表

对象	对象名	属性	属性值	说明
Form	Form1	Caption	输入人员信息	
ADO Data	Adodc1	ConnectionString	...\Employee.mdb	
		RecordSource	Person	数据源为数据表
		Visible	False	不使用 Adodc1 按钮
DataGrid	DataGrid1	DataSource	Adodc1	绑定到 Adodc1
Image	Image1	Stretch	True	图形适应图像框大小
Command	Command1	Caption	添加	
	Command2	Caption	删除	
	Command3	Caption	添加图片	
		Enable	False	
	Command4	Caption		

5. 程序代码

Private Sub Form_Load()
　'装载窗体
　　If Adodc1.Recordset.Fields("照片") <> "" Then
　　　　Image1.Picture = LoadPicture(Adodc1.Recordset.Fields("照片"))
　　End If
End Sub

RowColChange 事件是当 DataGrid1 的当前单元改变为其他不同单元时触发的，改变记录行时装载图片到图片框 Image1。

Private Sub DataGrid1_RowColChange(LastRow As Variant, ByVal LastCol As Integer)

```vb
'改变记录行
    If Adodc1.Recordset.Fields("照片") <> "" Then
        Image1.Picture = LoadPicture(Adodc1.Recordset.Fields("照片"))
    End If
End Sub


Private Sub Command1_Click()
'单击添加按钮
    Adodc1.Recordset.AddNew
    Command3.Enabled = True
End Sub


Private Sub Command2_Click()
'单击删除按钮
    Dim msg As Integer
    msg = MsgBox("要删除吗?", vbYesNo, "删除记录 ")
    If msg = vbYes Then
        Adodc1.Recordset.Delete
        Adodc1.Recordset.MoveLast
    End If
End Sub
```

单击添加图片按钮可以打开文件对话框,选择图形文件,装载到图片框 Image1。

```vb
Private Sub Command3_Click()
'单击添加图片按钮
    With CommonDialog1
        .InitDir = "C:\"
        .Filter = "BMP文件(*.bmp)|*.bmp|GIF文件(*.gif)|*.gif|JPG文件(*.jpg)|*.jpg"
        .Action = 1
        Image1.Picture = LoadPicture(.FileName)        '装载图片框的图形文件
        Adodc1.Recordset.Fields("照片") = .FileName
        Adodc1.Recordset.Update
    End With
End Sub


Private Sub Command4_Click()
'单击退出按钮
    End
End Sub
```

练习:

将 Image1 与 Adodc1 控件绑定,将 Person 表的"照片"字段在 Access 为 OLE 对象类型,将图片文件输入到各记录的照片字段。

实验 15 学生信息管理系统

学生信息管理系统用于对学生的各种信息进行管理，可以实现对学生信息进行输入、查询，将查询结果使用报表显示和图表显示，并可保存到文件中。

15.1 创建数据库

使用 VisData 窗口创建 Access 数据库 StuAdmin.mdb 文件，并创建 4 个数据表，分别是学生信息表 Student，学生成绩表 Score，课程表 Course 和系别表 Department。

学生信息表 Student 的结构如表 15-1 所示，数据表内容如图 15-1 所示，实验时输入尽可能多不同的班级和系别的学生记录。

学生成绩表 Score 的结构如表 15-2 所示，数据表内容如图 15-2 所示。

课程表 Course 的结构如表 15-3 所示，数据表内容如图 15-3 所示。

表 15-1 数据表字段（一）

字段名	类型	长度
学号	Text	8
姓名	Text	16
班级	Text	6
系别代码	Text	2
性别	Boolean	

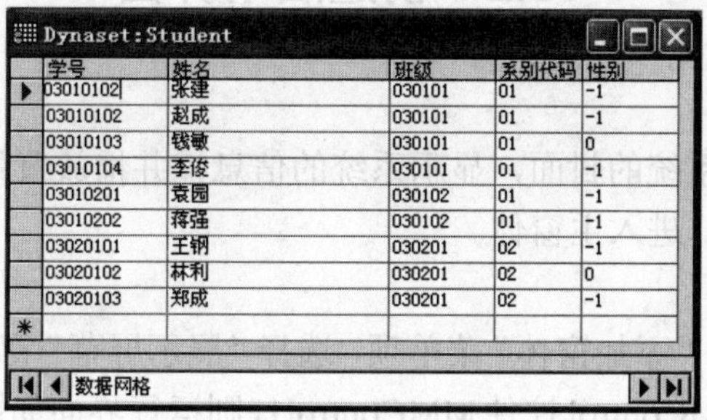

图 15-1 数据表内容（一）

表 15-2 数据表字段（二）

字段名	数据类型	长度
学号	Text	8
课程代码	Text	4
成绩	Single	

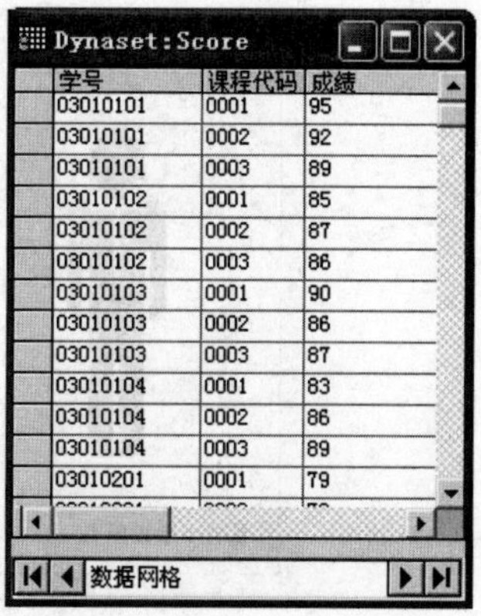

图 15-2 数据表内容（二）

表 15-3　数据表字段（三）

字段名	数据类型	长度
课程代码	Text	4
课程名	Text	50
学时数	Single	
学分	Single	

课程代码	课程名	学时数	学分
0001	语文	78	3
0002	数学	90	3
0003	英语	75	3
0004	计算机应用	78	3

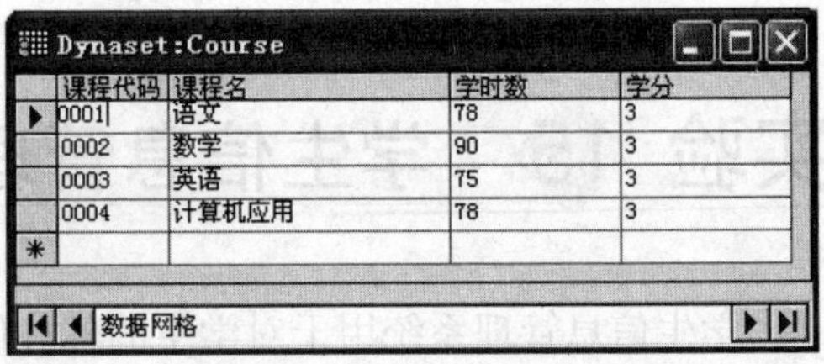

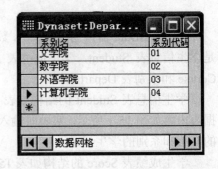

图 15-3　数据表内容（三）

系别表 Department 的结构如表 15-4 所示，数据表内容如图 15-4 所示。

表 15-4　数据表字段（四）

字段名	数据类型	长度
系别代码	Text	2
系别名	Text	50

系别名	系别代码
文学院	01
数学院	02
外语学院	03
计算机学院	04

图 15-4　数据表内容（四）

15.2　创建启动界面

1．功能要求

启动界面用来作为系统的封面，显示系统的信息，并播放背景音乐，当单击鼠标或按下回车键时卸载该窗体，进入主窗体。

2．界面设计

选择“工程”菜单→“添加窗体”菜单项，选择“展示屏幕”窗体，窗体名为 frmSplash，修改界面显示并添加 MMControl 控件 MMControl1，则运行界面如图 15-5 所示。将 frmSplash 窗体设计为启动窗体。

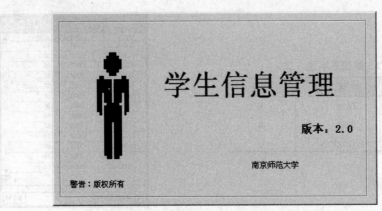

图 15-5　运行界面

3. 程序设计

程序代码如下:

```
Private Sub Form_Load()
'装载窗体
    With MMControl1
        .Notify = False
        .DeviceType = "WAVEaudio"
        .Notify = False
        .FileName = "C:\Windows XP Shutdown.wav"
        .Command = "open"
        .Command = "Play"
    End With
End Sub

Private Sub Form_KeyPress(KeyAscii As Integer)
'按下回车键
    If KeyAscii = 13 Then
        MMControl1.Command = "close"
        Unload Me
        Form1.Show
    End If
End Sub

Private Sub Frame1_Click()
'单击框架
    MMControl1.Command = "close"
    Unload Me
    Form1.Show
End Sub
```

15.3 创建主窗体

主窗体名为 Form1,由启动窗体 frmSplash 进入。

1. 菜单设计

在菜单编辑器窗口中设计菜单,各菜单项的属性设置如表 15-5 所示。

表 15-5 菜单项的属性设置

菜单条	子菜单级	标题	名字	快捷键
菜单级		输入数据(&I)	mnuInput	
		输入学生信息(&S)	mnuInputStu	Ctrl+S
		输入学生成绩(&O)	mnuInputSco	Ctrl+O
		输入课程	mnuInputCou	
		输入系别	mnuInputDep	

续表

菜单条	子菜单级	标 题	名 字	快捷键
菜单级		查询数据	mnuQuery	
		查询综合信息	mnuQueryAll	Ctrl+A
		查询学生信息	mnuQueryStu	
		查询学生成绩	mnuQuerySco	Ctrl+G
菜单级		输出数据(&O)	mnuOutput	
		显示报表	mnuOutputRep	
		显示图表	mnuOutputTab	
	子菜单级	显示饼图	mnuOutputTabPie	
		显示柱形图	mnuOutputTabStr	
菜单级		保存文件	mnuFile	
菜单级		帮助	mnuHelp	
		输入信息	mnuHelpIn	
		显示信息	mnuHelpOut	
菜单级		退出(&X)	mnuExit	

2. 工具栏

在工具栏中添加按钮,运行界面如图 15-6 所示。

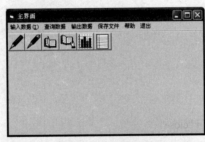

图 15-6 运行界面

3. 程序代码

单击各菜单项和工具栏的按钮进入不同的窗体。

单击"输入学生信息"菜单项的程序如下:

```
Private Sub mnuInputStu_Click()
'单击输入学生信息菜单
    Form1_1.Show
End Sub
```

其余菜单项的程序略。

15.4 创建各模块窗体

15.4.1 创建输入数据

单击"输入学生信息"菜单项进入"输入学生信息"窗体,窗体名为 Form1_1。

实验 15 学生信息管理系统

在窗体 Form1_1 中使用 Adodc1 控件和 DataGrid1 显示数据表，设置 Adodc1 控件的 ConnectionString 连接到 StuAdmin.mdb 数据库，设置 RecordSource 属性将记录源设置到 Student 表。并使用按钮实现添加记录、删除记录、修改记录和关闭本窗体的功能。

运行界面如图 15-7 所示。

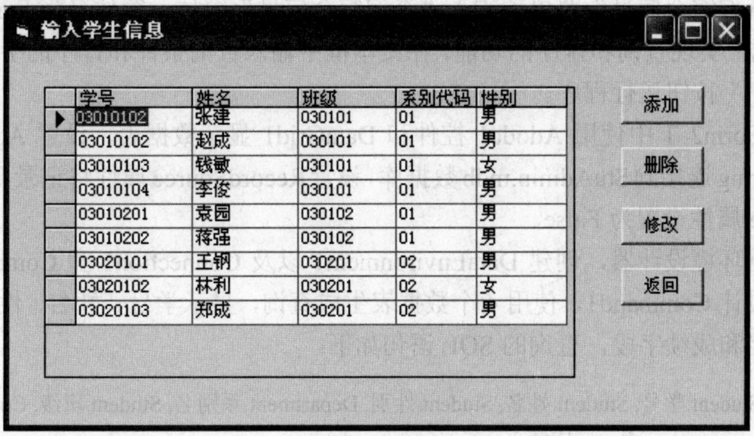

图 15-7 运行界面

程序代码如下：

```
Private Sub Command1_Click()
'单击添加按钮
    Adodc1.Recordset.AddNew
End Sub

Private Sub Command2_Click()
'单击删除按钮
    Dim msg
    msg = MsgBox("要删除吗?", vbYesNo, "删除记录 ")
    If msg = vbYes Then
        Adodc1.Recordset.Delete
        Adodc1.Recordset.MoveLast
    End If
End Sub

Private Sub Command3_Click()
'单击修改按钮
    Adodc1.Recordset.Update
End Sub

Private Sub Command4_Click()
'单击返回按钮
    Unload Me
End Sub
```

"输入学生成绩"窗体、"输入课程"窗体和"输入系别"窗体为 Form1_2、Form1_3 和 Form1_4，分别使用 Adodc 控件和 DataGrid 显示数据表，运行界面和程序代码略。

15.4.2 创建查询窗体

单击"查询综合信息"菜单项进入"查询综合信息"窗体，窗体名为 Form2_1。

实现功能：实现查询和排序的功能，在文本框中输入查询条件和排序的字段，单击"查询"和"排序"按钮运行程序。

在窗体 Form2_1 中使用 Adodc1 控件和 DataGrid1 显示数据表，设置 Adodc1 控件的 ConnectionString 连接到 StuAdmin.mdb 数据库，设置 RecordSource 属性将记录源设置为 SQL 语句，Visible 属性设置为 False。

打开数据环境设计器，创建 DataEnvironment1 以及 Connection1 和 Command1，使用查询设计器设计 Command1，使用 4 个数据表生成查询，显示学号、姓名、性别、系别名、班级、课程名和成绩字段，查询的 SQL 语句如下：

```
SELECT Student.学号, Student.姓名, Student.性别, Department.系别名, Student.班级, Course.课程名,
        Score.成绩
    FROM Student, Score, Department, Course
    WHERE Student.学号 = Score.学号 AND Student.系别代码 = Department.系别代码 AND
            Score.课程代码 = Course.课程代码
    ORDER BY Student.学号
```

程序代码如下：

```
Dim SQLString As String

Private Sub Command1_Click()
'单击查询按钮
    Dim S1 As String, S As String
    Dim i As Integer
    For i = 0 To 3
        If Text1(i) <> "" Then
            Select Case i
            Case 0
                S1 = "Student.学号 = " & """" & Text1(i) & """"
            Case 1
                S1 = "Student.班级 = " & """" & Text1(i) & """"
            Case 2
                S1 = "Course.课程名 = " & """" & Text1(i) & """"
            Case 3
                S1 = "Department.系别名 = " & """" & Text1(i) & """"
            End Select
            If S <> "" Then
                S = S & " AND " & S1
            Else
```

```
                S = S1
            End If
        End If
    Next i
    SQLString = "SELECT Student.学号, Student.姓名, Student.性别, Department.系别名, " _
        & "Student.班级 , Course.课程名, Score.成绩" _
        & " From Student, Score, Department, Course " _
        & "WHERE Student.学号 = Score.学号 AND Student.系别代码 = Department.系别代码 AND" _
        & " Score.课程代码 = Course.课程代码" & " AND " & S
    Adodc1.RecordSource = SQLString
    Adodc1.Refresh
End Sub

Private Sub Command2_Click()
'单击排序按钮
    Dim S As String, S1 As String
    Dim i As Integer
    For i = 0 To 3
        If Check1(i) = 1 Then
            Select Case i
            Case 0
                S1 = " Student.学号 "
            Case 1
                S1 = " Course.课程名  "
            Case 2
                S1 = " Department.系别名"
            Case 3
                S1 = " Score.成绩  "
            End Select
            If S <> "" Then
                S = S & " , " & S1
            Else
                S = S1
            End If
        End If
    Next i
    SQLString = "SELECT Student.学号, Student.姓名, Student.性别, Department.系别名, " _
        & "Student.班级 , Course.课程名, Score.成绩" _
        & " From Student, Score, Department, Course " _
        & "WHERE Student.学号 = Score.学号 AND Student.系别代码 = Department.系别代码 AND" _
        & " Score.课程代码 = Course.课程代码" & " ORDER BY" & S
    Adodc1.RecordSource = SQLString
    Adodc1.Refresh
End Sub
```

```
Private Sub Command3_Click()
'单击返回按钮
    Unload Me
End Sub
```

运行界面如图15-8所示。

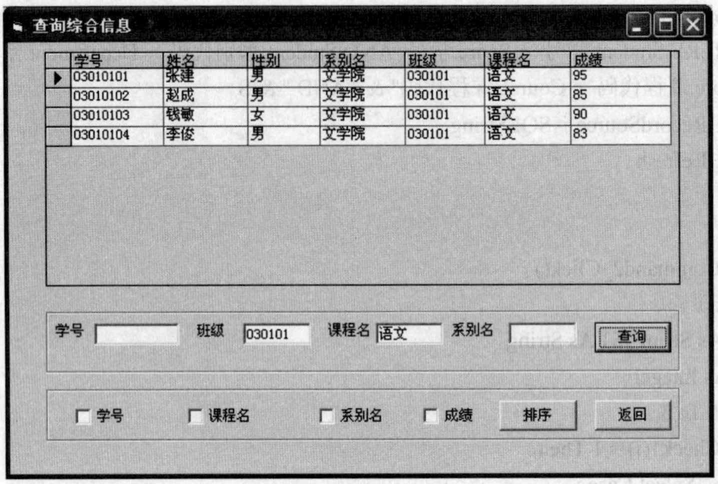

图15-8 运行界面

其他查询菜单的设计过程相同，在此略述。

15.4.3 创建报表和图表

1．窗体和报表设计

（1）窗体设计

单击"显示报表"菜单项进入"显示报表"窗体，窗体名为Form3_1，报表的数据源分别使用数据环境设计器中的命令Command2和Command3，Command2和Command3数据源分别为Student和Score表，数据环境设计器如图15-9所示。

实现功能：在窗体中放置3个按钮，在工程中添加3个Data Report，分别进入3个数据报表DataReport1、DataReport2和DataReport3，单击不同按钮显示不同报表。

窗体Form3_1的程序代码如下：

```
Private Sub Command1_Click()
'单击显示综合信息报表按钮
    DataReport1.Show
End Sub

Private Sub Command2_Click()
```

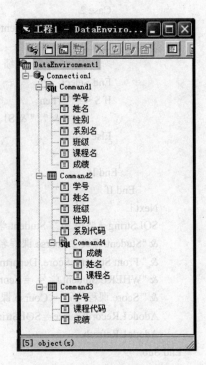

图15-9 数据环境设计器

'单击显示学生信息报表按钮
    DataReport2.Show
End Sub

Private Sub Command23_Click()
'单击显示学生成绩报表按钮
    DataReport3.Show
End Sub

（2）报表设计

单击 Command1 按钮打开数据报表 DataReport1，设计 DataReport1 的 DataSource 为数据环境对象 DataEnvironment1；DataMember 属性设置为 Command2 命令，Command2 添加一个子命令 Command4，为查询生成器生成 SQL 查询，Command4 是由 Score 和 Course 表生成的，显示成绩、姓名和课程名字段，在 DataReport1 上单击鼠标右键，选择"检索结构"菜单项进行检索结构并使用控件设计报表。设计界面如图 15-10 所示。

图 15-10　报表设计器

运行报表显示如图 15-11 所示。

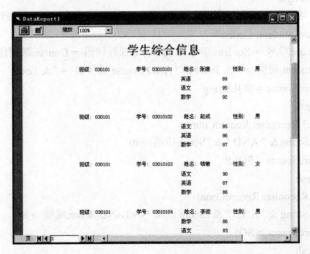

图 15-11　运行报表界面

2. 图表设计

（1）显示饼图

选择主窗体 Form1 的"显示数据"菜单→"显示图表"菜单→"显示饼图"菜单项来打开"显示饼图"窗体，窗体名为 Form3_2_1。

实现功能：在文本框中输入班级和课程名，在图片框中显示饼图。使用 Adodc1 控件将数据源设置为 SQL 语句，使用 SQL 语句统计各课程 90 分以上、80～90 之间、70～80 之间、60～70 之间以及 60 分以下的人数，绘制饼图。运行界面如图 15-12 所示。

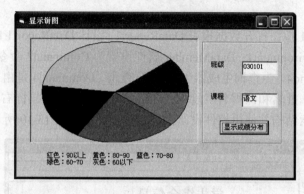

图 15-12 运行界面

程序代码如下：

```
Private Sub Command1_Click()
'单击显示成绩分布按钮
    Const PI = 3.1415926
    Dim SQLString As String, SQLS As String, S As String
    Dim x1 As Single, y1 As Single, z1 As Single, w1 As Single, V1 As Single
    Dim x As Single, y As Single, z As Single, w As Single, v As Single
    Dim r As Single, MidX As Single, MidY As Single
    Dim Sum As Single
    SQLString = "SELECT Student.学号, Score.成绩, Course.课程名, Student.班级 " _
        & "From Score, Student, Course" _
        & " Where Score.学号 = Student.学号 And Score.课程代码 = Course.课程代码"
    S = " AND Student.班级 = " & Text1 & " AND Course.课程名 = " & Text2
    Adodc1.RecordSource = SQLString
    Adodc1.Refresh
    Sum = Adodc1.Recordset.RecordCount
    SQLS = SQLString & " AND " & "Score.成绩 >90"
    Adodc1.RecordSource = SQLS
    Adodc1.Refresh
    x1 = Adodc1.Recordset.RecordCount
    SQLS = SQLString & " AND " & "Score.成绩 < 90 AND Score.成绩 > 80"
    Adodc1.RecordSource = SQLS
    Adodc1.Refresh
    y1 = Adodc1.Recordset.RecordCount
```

```
        SQLS = SQLString & " AND " & "Score.成绩 < 80 AND Score.成绩 > 70"
        Adodc1.RecordSource = SQLS
        Adodc1.Refresh
        z1 = Adodc1.Recordset.RecordCount
        SQLS = SQLString & " AND " & "Score.成绩 < 70 AND Score.成绩 > 60"
        Adodc1.RecordSource = SQLS
        Adodc1.Refresh
        w1 = Adodc1.Recordset.RecordCount
        SQLS = SQLString & " AND " & "Score.成绩 < 60 "
        Adodc1.RecordSource = SQLS
        Adodc1.Refresh
        V1 = Adodc1.Recordset.RecordCount
        '计算百分比
        x = x1 / Sum
        y = y1 / Sum
        z = z1 / Sum
        w = w1 / Sum
        v = V1 / Sum
        '计算图片框的中心点位置
        Picture1.FillStyle = 0                      '设置填充式样
        MidX = Picture1.Width / 2
        MidY = Picture1.Height / 2
        r = Picture1.Width / 2 - 300
        If x <> 0 And y <> 0 And z <> 0 Then
        '画四色椭圆
            Picture1.FillColor = vbRed
            Picture1.Circle (MidX, MidY), r, , -2 * PI, -2 * PI * x, 2 / 3
            Picture1.FillColor = vbYellow
            Picture1.Circle (MidX, MidY), r, , -2 * PI * x, -2 * PI * (x + y), 2 / 3
            Picture1.FillColor = vbBlue
            Picture1.Circle (MidX, MidY), r, , -2 * PI * (x + y), -2 * PI * (x + y + z), 2 / 3
            Picture1.FillColor = vbGreen
            Picture1.Circle (MidX, MidY), r, , -2 * PI * (x + y + z), -2 * PI * (x + y + z + w), 2 / 3
            Picture1.FillColor = vbCyan
            Picture1.Circle (MidX, MidY), r, , -2 * PI * (x + y + z + w), -2 * PI, 2 / 3
    End If
End Sub
```

（2）显示柱形图

使用同样的方法用 SQL 语句查询来产生数据绘制柱形图，在此略述。

15.4.4　保存文件

选择主窗体 Form1 的"保存文件"菜单来打开"保存文件"窗体，窗体名为 Form4，将数据保存到随机文件中。

1. 界面设计

在窗体中放置 4 个按钮和 1 个 Adodc1 控件，单击不同的按钮实现将 Adodc1 控件的记录集保存到随机文件的操作，设置 Adodc1 控件的 ConnectionString 连接到 StuAdmin.mdb 数据库，Adodc1 控件的 Visible 属性设置为 False。运行界面如图 15-13 所示。

2. 程序代码

（1）添加标准模块

在标准模块中定义名为 StudentType 的用户定义类型，程序代码如下：

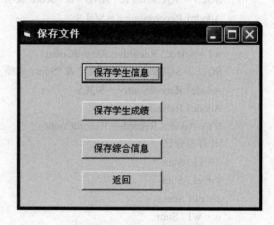

图 15-13 运行界面

```
Public Type StudentType
    学号  As String * 8
    姓名  As String * 16
    班级  As String * 6
    系别代码  As String * 2
    性别  As Boolean
End Type
```

（2）窗体 Form4 的程序设计

单击"保存学生信息"按钮的程序代码如下：

```
Dim Student As StudentType
Private Sub Command1_Click()
'单击保存学生信息按钮
    Dim RecL As Long, RecN As Long
    Dim FileN As Integer
    FileN = FreeFile
    Adodc1.RecordSource = "Student"
    Adodc1.Refresh
    RecL = Len(Student)
    '用随机访问方式打开
    Open "c:\学生信息.dat" For Random As #FileN Len = RecL
    RecN = LOF(FileN) / RecL + 1
    Adodc1.Recordset.MoveFirst
    Do While Not Adodc1.Recordset.EOF
        With Student
            .学号  = Adodc1.Recordset.Fields("学号")
            .姓名  = Adodc1.Recordset.Fields("姓名")
            .班级  = Adodc1.Recordset.Fields("班级")
            .系别代码  = Adodc1.Recordset.Fields("系别代码")
            .性别  = Adodc1.Recordset.Fields("性别")
        End With
        '添加记录
        Put #FileN, RecN, Student
        Adodc1.Recordset.MoveNext
        RecN = RecN + 1
```

```
        Loop
End Sub
```

其他按钮的程序代码在此略。

15.5 调 试

本程序由多个窗体模块和标准模块以及数据报表、数据环境设计器构成，调试时应注意以下几点：
- 每个过程先单独调试，使用设置断点的方法，在"立即窗口"中显示关键变量的值。
- 在调试各模块时将所调试的模块设置为启动对象，单独调试。
- 最后所有模块连接总调试。
- SQL 语句的语法格式使用查询设计器或 VisData 窗口的查询窗口先运行，正确了再写入程序中，然后加续行符号。

15.6 应用程序的发布

当应用程序已经完全调试成功，则关闭 Visual Basic，选择 Windows 的"开始"菜单→"Microsoft Visual Basic 6.0 中文版"菜单项→"Microsoft Visual Basic 6.0 中文版工具"菜单项→"Package & Deployment 向导"菜单项，就可以启动安装向导，很容易地将应用程序打包，创建为一个标准的软件包。

PART 3 第3部分

Visual Basic 考级上机训练

实验 16　Visual Basic 综合测试题

Visual Basic 的上机部分虽然只考两种题型：一是改错题；二是编程题。试题类型和知识点也基本固定，但是并不容易拿分。

上机考试的注意事项：

- 文件名符合要求。项目文件和窗体文件要分别取名保存，两道题目的文件名不同，不可随意取名，不能在保存第 2 题时因文件重名把第 1 题给覆盖掉。
- 保存位置要正确。根据考试要求，直接保存所指定的目录下，也可以在硬盘上保存备份文件，然后再转存，转存时在 Visual Basic 中，选择"文件"菜单→"Form 另存为"和"工程另存为"来保存。

16.1　改　错　题

16.1.1　改错题分析

1．改错题要求

改错题（不得增删语句）的题目中都是设 3 个错误点，一般分别是语法错误（如数组的声明、重复定义等略有难度的语法错误）、运行错误、逻辑错误等。这些错误基本上都是平时编程时比较容易犯的错误，题中错误点不重复。

评分标准：①录入原题：2 分；②改错：5 分/个，根据改错点给分，新错误不扣分。

2．改错题的解题步骤

（1）输入程序并保存

首先把改错题按原样输入进去，要求平时打字要有一定速度；输入时要细心，不要出现输入错误，这样就是自己制造新错误，按照题目的要求保存为.frm 和.vbp 两个文件。

（2）设计界面并检查

按照题目要求设计界面，检查是否有语法错误，语法错误会出现红色语句，并检查是否有输入错误,再保存一次。

(3) 试运行

试着运行,看系统报什么错误,如果出现死循环,在运行过程中按 **Ctrl+Break** 键,终止程序的运行过程。

(4) 根据输出和出错提示修改

根据报错提示或试运行结果来判断出错原因,按照输出→处理→输入反推理的方式,推导出运行过程中的各变量关系,在不增删语句等条件下修改错误。

在运行过程中要善于使用 Visual Basic 的调试工具栏,例如单步运行和设置断点等,把子函数和子过程单独调试完再放到整个程序中运行。

实在改不出来错误时,就去做编程题,等做完编程题的基本部分后,再回过来看能否改出来。

3. 改错题实例

【例 16-1】 本程序的功能是找出一个矩阵的鞍点。矩阵的行列数可以任意指定,矩阵元素存放在一个数组中,如果找到鞍点那么在图片框中打印出来,并且显示出其行和列的位置;如果找不到则不显示。所谓鞍点是指此元素在本行中最大,在本列中最小。程序运行的效果如图 16-1 所示。

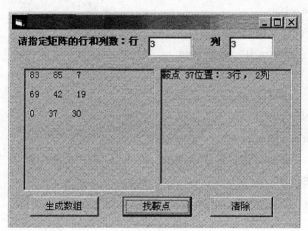

图 16-1

含有错误的程序代码如下:

(1) Option explicit

(2)   Private Sub Command1_Click()

(3)   Dim i As Integer, j As Integer

(4)   Dim a() As Integer

(5)   ReDim preserve a(Val(Text1), Val(Text2))

(6)   Randomize

(7)   For i = 1 To Val(Text1)

(8)   For j = 1 To Val(Text2)

(9)   a(i, j) = Int(Rnd * 100)

(10)   Picture1.Print a(i, j); " ";
(11)   Next j
(12)   Picture1.Print
(13)   Picture1.Print
(14)   Next i
(15) End Sub

(16) Private Sub Command2_Click()
(17)   Dim i As Integer, j As Integer, max   As Integer, min As Integer
(18)   For i = 1 To UBound(a, 1)
(19)   k = 1
(20)   For j = 1 To UBound(a, 2)
(21)   If a(i, k) < a(i, j) Then
(22)   k = j
(23)   End If
(24)   Next j
(25)   m = 1
(26)   For j = 1 To UBound(a, 1)
(27)   If a(m, j) > a(j, k) Then
(28)   m = j
(29)   End If
(30)   Next j
(31)   If m = i Then
(32)   Picture2.Print "鞍点" & Str(a(i, k)) & "位置： " & Str(i) & "行" & ", " & Str(k) & "列"
(33)   End If
(34)   Next i
(35) End Sub

(36) Private Sub Command3_Click()
(37)   Text1.Text = ""
(38)   Text2.Text = ""
(39)   Picture1.Cls
(40)   Picture2.Cls
(41) End Sub

步骤如下：

① 输入程序并保存。打开 Visual Basic 集成开发界面，将程序原封不动地输入，然后立即保存成相应的.frm 和.vbp 两个文件。

② 设计界面并检查。按照图16-1设计窗体界面，包括2个文本框、2个图片框、3个按钮和2个标签。将控件拖放到适当的位置，并在属性窗口中修改属性，各控件的属性设置如表16-1所示。

表16-1 对象的属性

对 象 名	属 性 名	属 性 值
Form1	Caption	指定矩阵的行和列数
Label1	Caption	行
Label2	Caption	列
Text1	Text	空
Text2	Text	空
Command1	Caption	生成数组
Command2	Caption	找鞍点
Command3	Caption	退出

检查程序是否有语法错误并修改，然后再保存一次。
③ 试运行。
④ 根据输出和出错提示修改程序。

第一个错误：

单击"启动"按钮，运行程序出现错误，如图16-2所示。

检查出错提示说明变量a未定义，因此只有变量a应该是模块级变量能在不同的过程中使用，修改方法将第4行放到第1、2行之间：

(1) Option explicit
(2) Dim a() As Integer

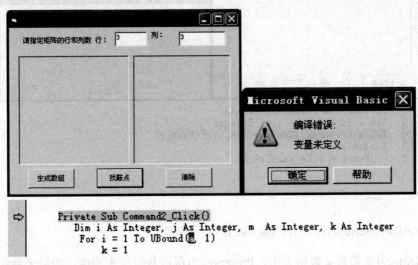

图16-2 出错提示1

第二个错误：

分析程序可以得出，Sub Command1_Click功能是生成并在Picture1中显示出数组，Sub

Command2_Click 功能是寻找鞍点并在 Picture2 中显示出鞍点位置，Sub Command3_Click 功能是清除所有的鞍点。

单独运行 Sub Command1_Click，使用"调试"菜单，在程序中设置两个断点后单击"启动"按钮，输入行列数后，单击"生成数组"按钮，程序中止在断点处，如图 16-3 所示。

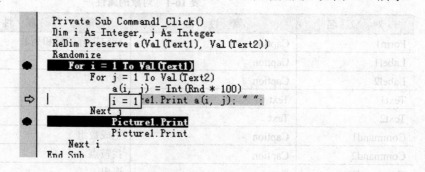

图 16-3 设置断点

单击 F8 快捷键单步运行，对关键行可以一行行运行，将光标放置在相应的变量上查看变量的值，如果不需要一行行运行，则单击 F5 快捷键运行到下一个断点。可以看出该段程序生成一个二维数组并显示出来。

当修改了文本框 Text1 和 Text2 中的行和列为 2 时，单击"生成数组"按钮，将出错如图 16-4 所示。可以看出 Redim 语句出错。

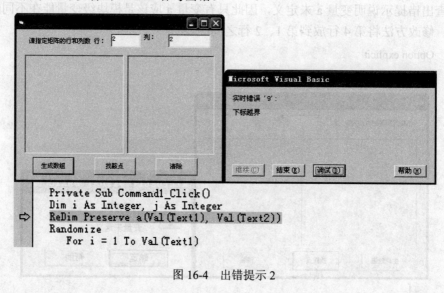

图 16-4 出错提示 2

(5) ReDim Preserve a(Val(Text1), Val(Text2))

其中，ReDim 为重新定义数组大小，Preserve 为保留数组原来的值，当原来数组为 a(3,3) 而改为 a(2,2)时，如果保留原来的值则会出错。而在程序中数组原来的值并不需要保留，因此修改为：

(5) ReDim a(Val(Text1), Val(Text2))

第三个错误：

再次运行，单击"找鞍点"按钮，显示如图 16-5 所示。找出的点并不是本行中最大、本列中最小的。

单独运行 Sub Command2_Click，并使用"调试"菜单设置断点和单步运行，可以得出：

(28)   If a(m, j) > a(j, k) Then

应修改为：

(28)   If a(m, k) > a(j, k) Then

总结： 本题涉及 3 个错误，分别是模块级变量、ReDim 语句和数组元素下标。

16.1.2 改错题集锦

第 1 题 本程序的功能是在一个由 20 个整数围成一圈的元素中找出每 6 个相邻之和中的最大值，并且指出是哪 6 个相邻的数。

程序正确运行时的效果如图 16-6 所示。

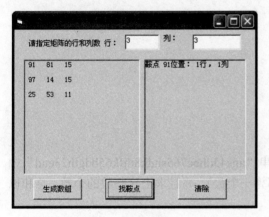

图 16-5

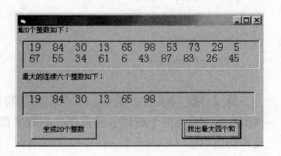

图 16-6

含有错误的程序代码如下：

(1)　　Option explicit

(2)　　Dim a(19) As Integer

(3)　　Private Sub Command1_Click()

(4)　　 Dim i As Integer

(5)　　 Randomize

(6)　　 For i = 0 To 19

(7)　　 a(i) = Int(Rnd * 100)

(8)　　 Picture1.Print a(i);

(9)　　 If i = 10 Then

(10)　　 Picture1.Print

(11)　　 End If

(12)   Next i
(13)   End Sub

(14)   Private Sub Command2_Click()
(15)   Dim i As Integer, j As Integer, sum As Integer
(16)   sum = 0
(17)   For i = 0 To 19
(18)   For j = 0 To 5
(19)   sum = sum + a((i + j) Mod 20)
(20)   Next j
(21)   If smax < sum Then
(22)   smax = sum
(23)   p = i
(24)   End If
(25)   Next i

(26)   Print "最大的连续 6 个整数为：";
(27)   For j = I To 5
(28)   Picture2.Print a((i + j) Mod 20);
(29)   Next j
(30)   End Sub

第 2 题 本程序功能是：从给定的字符串"ags43dhbc765shdk8djfk65bdgth23end"中找出所有的数（单个的数字或者连续的数字都算一个数），并且求出这些数的个数、总和以及平均值。

含有错误的程序代码如下：

(1)   Option Explicit

(2)   Private Sub getn(s As String, byval d() As Integer)
(3)   Dim k As Integer, st As String, n As Integer, f As Boolean
(4)   k = 1: n = 1
(5)   Do Until n > Len(s)
(6)   If Mid(s, n, 1) >= "0" And Mid(s, n, 1) <= "9" Then
(7)   st = st & Mid(s, n, 1)
(8)   f = True
(9)   ElseIf f Then
(10)   f = False
(11)   ReDim Preserve d(k)
(12)   d(k)=val(st)

(13)   st = ""
(14)   k = k + 1
(15)   End If
(16)   n = n + 1
(17)   Loop
(18) End Sub

(19) Private Sub Form_click()
(20)   Dim p As String, num() As Integer, i As Integer
(21)   Dim s As Integer, av As Single
(22)   p = "ags43dhbc765shdk8djfk65bdgth23end"
(23)   Call getn(s,num)
(24)   For i = 1 To UBound(num)
(25)   s = s + num(i)
(26)   Print num(i)
(27)   Next i
(28)   Print
(29)   av = s / UBound(num)
(30)   Print "s="; s, "av="; av
(31) End Sub

第 3 题 找出 1000 以内的亲密对数。所谓"亲密对数"是指甲数的所有因子之和等于乙数,乙数的因子之和等于甲数,那么甲乙两数就是亲密对数。例如:

220 的因子之和:1+2+4+5+10+11+20+22+44+55+110=284。

284 的因子之和:1+2+4+71+142=220。

要求不能重复出现,例如 220 和 284 出现一次,不允许 284 和 220 再出现。

正确程序运行效果如图 16-7 所示。

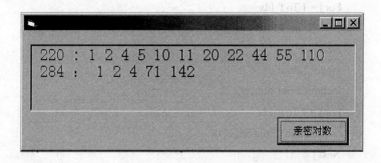

图 16-7

含有错误的程序代码如下:

(1)　Option Explicit
(2)　Option Base 1
(3)　Private Sub Command1_Click()
(4)　　Dim f() As Integer, s() As Integer, f_idx As Integer, s_idx As Integer
(5)　　Dim i As Integer, j As Integer, sum1 As Integer, sum2 As Integer
(6)　　For i = 1 To 1000
(7)　　　　sum1 = 0: sum2 = 0
(8)　　　　f_idx = 0: s_idx = 0
(9)　　　　For j = 1 To I–1
(10)　　　　　If i Mod j = 0 Then
(11)　　　　　　f_idx = f_idx + 1
(12)　　　　　　ReDim f(f_idx)
(13)　　　　　　f(f_idx) = j
(14)　　　　　　sum1 = sum1 + j
(15)　　　　　End If
(16)　　　　Next j

(17)　　　For j = 1 To sum1–1
(18)　　　　　If sum1 Mod j = 0 Then
(19)　　　　　　s_idx = s_idx + 1
(20)　　　　　　ReDim s(s_idx)
(21)　　　　　　s(s_idx) = j
(22)　　　　　　sum2 = sum2 + j
(23)　　　　　End If
(24)　　　　Next j

(25)　　　If i = sum2 Then
(26)　　　　Picture1.Print i; ":";
(27)　　　　For j = 1 To f_idx
(28)　　　　　　Picture1.Print Str(f(j));
(29)　　　　Next j
(30)　　　Picture1.Print
(31)　　　Picture1.Print sum1; ": ";
(32)　　　　For j = 1 To s_idx
(33)　　　　　　Picture1.Print Str(s(j));
(34)　　　　Next j
(35)　　　Picture1.Print
(36)　　　Picture1.Print
(37)　　　End If

(38)   Erase f, s
(39)   Next i
(40)   End Sub

第 4 题   本程序的功能是：实现二进制数据压缩。压缩算法是：字符串的首字符+该数字个数+分隔符+另一个数字个数+……。例如，数字串 1111000001111111110001111110000 被压缩为 14x5x9x3x5x4 形式的字符串（x 为分隔符）。

含有错误的程序代码如下：

(1)   Option Explicit

(2)   Private Sub form_click()
(3)   Dim code As String, encode As String
(4)   code = InputBox("输入一个任意长度的由 0 和 1 组成的数字串", , 0)
(5)   encode = coding(code)
(6)   Print code
(7)   Print encode
(8)   End Sub

(9)   Private Function coding(s As String) As String
(10)   Dim n As Integer, t As String * 1, i as integer ,s as string
(11)   Dim c As String
(12)   c = Left(s, 1)
(13)   n = 1
(14)   t = Left(s, 1)
(15)   For i=1 to len(s)
(16)   If Mid(s, i, 1) = t Then
(17)   n = n + 1
(18)   Else
(19)   c = c & CStr(n) & "*"
(20)   n = 1
(21)   t = Mid(s, i, 1)
(22)   End If
(23)   Next i
(24)   coding = c
(25) End Function

第 5 题   本程序的功能：从给定的字符串 S 中剔除所有重复的字符，得到的新字符串按照升序排列输出。

含有错误的程序代码如下：

```
(1)   Option Explicit

(2)   Private Sub command1_click()
(3)       Dim s As String, d As String
(4)       s = "This is a Book of Visual Basic"
(5)       s = Trim(s): Print s
(6)       Call del_repeat(s, d)
(7)       Print d
(8)   End Sub

(9)   Private Sub del_repeat(s As String, d As String)
(10)      Dim k As Integer, j As Integer, p as string
(11)      d = Left(s, 1)
(12)      For k = 2 To Len(s)
(13)          For j = 1 To Len(d)
(14)              If Mid(s, k, 1) = Mid(d, j, 1) Then exit function
(15)          Next j
(16)          If j > Len(s) Then
(17)              d = d & Mid(s, k, 1)
(18)          End If
(19)      Next k
(20)      Print d
(21)      For k = 1 To Len(d)-1
(22)          For j = k + 1 To Len(d)
(23)              If Mid(d, k, 1) > Mid(d, j, 1) Then
(24)                  p = Mid(d, k, 1)
(25)                  Mid(d, k, 1) = Mid(d, j, 1)
(26)                  Mid(d, j, 1) = p
(27)              End If
(28)          Next j
(29)      Next k
(30)  End Sub
```

第 6 题 生成两个有序一维数组，每个数组含有 8 个元素。下列程序的功能是合并两个数组为一个含有 16 个元素的数组中去，并且要求有序化。

程序正确运行效果如图 16-8 所示。

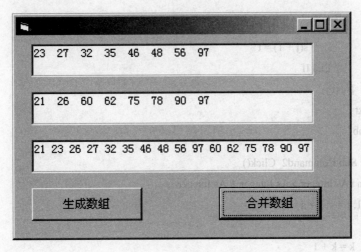

图 16-8

含有错误的程序代码如下：

(1) Option Explicit
(2) Option Base 1
(3) Dim a(8) As Integer, b(8) As Integer, c(16) As Integer
(4) Private Sub command1_click()
(5)   Dim i As Integer
(6)   Randomize
(7)   For i = 1 To 8
(8)   a(i) = Int(Rnd * 100)
(9)   b(i) = Int(Rnd * 100)
(10)   Next i

(11)   Call sort(a)
(12)   Call sort(b)

(13)   For i = 1 To 8
(14)   Text1.Text = Text1.Text & a(i) & " "
(15)   Text2.Text = Text2.Text & b(i) & " "
(16)   Next i
(17) End Sub

(18) Private Sub sort(s() As Integer)
(19)   Dim i As Integer, j As Integer, t As Integer
(20)   For i = 1 To UBound(s) − 1
(21)   For j = i To UBound(s) − i
(22)   If s(j) > s(j + 1) Then
(23)   t = s(j)

(24)   s(j) = s(j + 1)
(25)   s(j + 1) = t
(26)   End If
(27)   Next j
(28) Next i
(29) End Sub
(30) Private Sub Command2_Click()
(31)   Dim i As Integer, j As Integer, k As Integer
(32)   i = 1: j = 1: k = 1
(33)   Do
(34)   k = k + 1
(35)   If a(i) > b(j) Then
(36)   c(k) = b(j)
(37)   j = j + 1
(38)   Else
(39)   c(k) = a(i)
(40)   i = i + 1
(41)   End If
(42)   Loop While i < 8 OR j < 8
(43)   Do
(44)   c(k) = a(i)
(45)   k = k + 1
(46)   i = i + 1
(47)   Loop While i <= 8
(48)   Do
(49)   c(k) = b(j)
(50)   k = k + 1
(51)   j = j + 1
(52)   Loop While j <= 8
(53)   For i = 1 To 16
(54)   Text3.Text = Text3.Text & c(i) & " "
(55)   Next i
(56) End Sub

第 7 题 编程求出下面函数的值，当通项绝对值小于 10^{-5} 时停止计算。

$Y=x - f_2/(f_1*f_3)*x^3 + (f_2*f_4)/(f_1*f_3*f_5)*x^5 - (-1)^k(f_2*f_4*\cdots*f_{2k})/(f_1*f_3*\cdots*f_{2k+1})*x^{2k+1}+\cdots$。式中，$f_m=m^2-m+1$，$m=1,2,3,\cdots$。

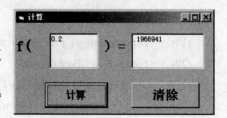

图 16-9

程序正确执行时的画面如图 16-9 所示。
含有错误的程序代码如下：

(1)　　Option Explicit

(2)　　Private Function fun(n As Long) As Long
(3)　　　　fun = n * n–n + 1
(4)　　End Function

(5)　　Private Function an(x As Single, n As Integer) As Single
(6)　　　　Dim i As Integer, p As Single
(7)　　　　p = 1 / fun(1)
(8)　　　　For i = 1 To n
(9)　　　　　　p = p * fun(2 * n) / fun(2 * n + 1)
(10)　　　Next i
(11)　　　an = (–1) ^ n * x ^ (2 * n + 1) * p
(12)　End Function

(13)　Private Sub command1_click()
(14)　　　Dim y As Single, i As Integer, x As Single, a As Single
(15)　　　x = Text1.Text
(16)　　　Do While Abs(x) >= 1
(17)　　　　　Call command2.click
(18)　　　　　x = InputBox("数据非法，重新输入一个绝对值应小于等于 1 的数")
(19)　　　　　Text1.Text = x
(20)　　　Loop
(21)　　　a = x: i = 0
(22)　　　Do
(23)　　　　　y = y + a
(24)　　　　　i = i + 1
(25)　　　　　a = an(x, i)
(26)　　　Loop Until Abs(a) <= 0.00001
(27)　　　Text2.Text = y
(28)　End Sub

(29)　Private Sub command2_click()
(30)　　　Text1 = ""
(31)　　　Text2 = ""
(32)　　　Text1.SetFocus
(33)　End Sub

第 8 题 插入法排序思想是：把数组中的所有元素插入有序的数组元素序列中。首先找到待插元素在序列中的位置，然后把此位置向后的所有元素都向后移动，最后把此元素插入当前位置。

含有错误的程序代码如下：

(1)　　Option Explicit
(2)　　Option Base 1
(3)　　Dim a(10) As Integer
(4)　　Private Sub Command1_Click()
(5)　　　Dim i As Integer, j As Integer
(6)　　　Randomize
(7)　　　For i = 1 To 10
(8)　　　　a(i) = Int(Rnd * 100)
(9)　　　　Text1 = Text1 & a(i) & "　"
(10)　　　Next i
(11)　　End Sub

(12)　　Private Sub Command2_Click()
(13)　　　Dim ub As Integer, t As Integer, k As Integer, i As Integer
(14)　　　ub = UBound(a)
(15)　　　For i = 1 To ub
(16)　　　　t = a(i)
(17)　　　　k = i–1
(18)　　　　Do While t < a(k)
(19)　　　　　a(k + 1) = a(k)
(20)　　　　　k = k – 1
(21)　　　　　If k <= 0 Then Exit for
(22)　　　　Loop
(23)　　　　a(k) = t
(24)　　　Next i
(25)　　　For i = 1 To 10
(26)　　　　Text2 = Text2 & a(i) & "　"
(27)　　　Next i
(28)　　End Sub

第 9 题 本程序功能是：验证大于 3 的两个相邻素数的平方之间至少存在 4 个素数。本程序的验证范围是大于 3、小于 30 范围内的素数。

程序正确执行时的画面如图 16-10 所示。

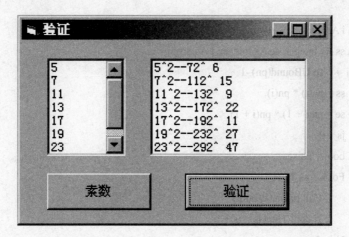

图 16-10

含有错误的程序代码如下：

(1)　Option Explicit

(2)　Option Base 1

(3)　Dim pn() As Integer
(4)　Private Sub prime(n As Integer, flg As Boolean)
(5)　　　Dim k As Integer
(6)　　　For k = 1 To Sqr(n)
(7)　　　　　If n Mod k = 0 Then Exit Sub
(8)　　　Next k
(9)　　　flg = True
(10)　End Sub

(11)　Private Sub command1_click()
(12)　　　Dim i As Integer, k As Integer, f As Boolean
(13)　　　k = 1
(14)　　　For i = 5 To 30
(15)　　　　　f = False
(16)　　　　　Call prime(i, f)
(17)　　　　　ReDim Preserve pn(k)
(18)　　　　　If f Then
(19)　　　　　　　pn(k) = i: k = k + 1
(20)　　　　　　　List1.AddItem i
(21)　　　　　End If
(22)　　　Next i
(23)　End Sub

(24)　Private Sub command2_click()

(25)   Dim i As Integer, js As Integer, k As Integer, bool As Boolean
(26)   Dim ss As Integer, se As Integer, t As String
(27)   For i = 1 To UBound(pn)–1
(28)   ss = pn(i) * pn(i)
(29)   se = pn(i + 1) * pn(i + 1)
(30)   js = 0
(31)   bool = False
(32)   For k = ss To se
(33)   Call prime(k, bool)
(34)   If bool Then js = js + 1
(35)   Next k
(36)   t = CStr(pn(i)) & "^2--" & CStr(pn(i + 1)) & "^2 " & CStr(js)
(37)   List2.AddItem t
(38)   Next i
(39) End Sub

第 10 题 下面是一个二分插入排序的程序。二分插入排序，是直接插入排序的一个改进，即将顺序查找插入位置，改为用二分查找法查找插入位置，元素的移动和插入处理基本相同。

含有错误的程序代码如下：

(1) Option Explicit
(2) Option Base 1
(3) Private Sub Form_Click()
(4)   Dim a(10) As Integer, i As Integer
(5)   For i = 1 To 10
(6)   a(i) = Int(Rnd * 20) + 1
(7)   Print a(i);
(8)   Next i
(9)   Print
(10)   For i = 2 To 10
(11)   Call insertion(a, 1)
(12)   Next i
(13)   For i = 1 To 10
(14)   Print a(i);
(15)   Next i
(16)   Print
(17) End Sub

(18)　Private Sub insertion(s() As Integer, ByVal k As Integer)
(19)　　Dim low As Integer, high As Integer, m As Integer
(20)　　Dim tem As Integer
(21)　　low = 1: high = k–1
(22)　　tem = s(k)
(23)　　Do While low<high
(24)　　　m = (low + high) / 2
(25)　　　If s(m) < s(k) Then
(26)　　　　low = m + 1
(27)　　　Else
(28)　　　　high = m–1
(29)　　　End If
(30)　　Loop
(31)　　Do Until k = low
(32)　　　s(k) = s(k–1)
(33)　　　k=k+1
(34)　　Loop
(35)　　s(k) = tem
(36)　End Sub

第 11 题　本程序功能是：从键盘上输入的一个数字串中依次由第 1 个数字、第 2 个数字、第 3 个数字……开始向后截取 1 位、2 位、3 位……，找出其中的素数。例如，输入 235　759，可截取得到素数：2，23，3，367，67，7，5，59。

含有错误的源程序代码如下：

(1)　Private Function sushu(m As Long) As Boolean
(2)　　Dim i As Long
(3)　　For i = 2 To Int(Sqr(m))
(4)　　　If m Mod i = 0 Then Exit Function
(5)　　Next i
(6)　　sushu = True
(7)　End Function
(8)　Private Sub form_click()
(9)　　Dim st As String, c As String
(10)　　Dim num As Long, a() As Long
(11)　　Dim i As Long, j As Long, k As Long
(12)　　st = InputBox("请输入任意一个数字串：", "查找素数")
(13)　　c = ""
(14)　　i = 1: k = 1

(15)   Do While i <= Len(st)
(16)   c = c + Mid(st, k, 1)
(17)   num = Val(c)
(18)   If k <= Len(st) Then
(19)   If sushu(num) Then
(20)   j = j + 1
(21)   ReDim Preserve a(j)
(22)   a(j) = num
(23)   End If
(24)   k = k + 1
(25)   Else
(26)   c = " "
(27)   i = i + 1
(28)   k = i
(29)   End If
(30)   Loop
(31)   Print st
(32)   For i = 1 To j
(33)   Print a(i);
(34)   Next i
(35) End Sub

第 12 题   找出 100 000 内由两个不同数字组成的平方数，并将结果按图 16-11 中的格式显示在列表框 List1 中。所谓两个不同数字组成的平方数，是指这个数中所有数字只含有两个数字，没有第三个其他数字。

程序正确运行时的界面如图 16-11 所示。

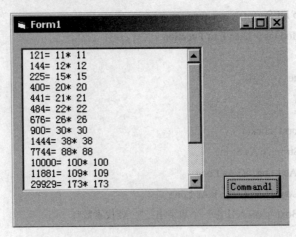

图　16-11

含有错误的程序代码如下：

(1)　　Option Explicit
(2)　　Private Sub command1_click()
(3)　　　　Dim i As Long, n As Long
(4)　　　　For i = 11 To 316
(5)　　　　　　n = i * i
(6)　　　　　　If verify(n) Then
(7)　　　　　　　　List1.Add Str(n) & "=" & Str(i) & "*" & Str(i)
(8)　　　　　　End If
(9)　　　　Next i
(10)　End Sub

(11)　Private Function verify(ByVal n As Long)
(12)　　　Dim a(0 To 9) As Integer, i As Integer, js As Integer
(13)　　　Do While n <> 0
(14)　　　　　a(n Mod 9) = 1
(15)　　　　　n = n \ 10
(16)　　　Loop
(17)　　　For i = 0 To 9
(18)　　　　　js = js + a(i)
(19)　　　Next i
(20)　　　If js = 2 Then
(21)　　　　　verify = True
(22)　　　End If
(23)　End Function

16.2　编　程　题

16.2.1　编程题分析

1. 编程题要求

编程题是按照题目要求的功能，根据参考界面编程，程序中都涉及一定难度的算法。评分标准：①界面设计：根据界面元素的复杂程度，5~8分，每个元素得一定的分数；②清除按钮：2分；③退出按钮：1分；④含算法的按钮：根据代码多少按步骤给分。

2. 编程题的注意事项

- 首先创建界面，创建所有控件，并按照要求布置界面。
- 编程时先进行变量的说明。
- 创建过程或函数尽量使用"工具"菜单中的"添加过程"，避免输入不必要的错误。

- 编程题在写程序时一定要记住采用规范的书写方法，根据逻辑关系采用缩进的形式来写，读程序时有层次感一目了然，这样既不容易出错，又能轻松地拿到基本分。需要用到程序控制结构时，先把前后配套的代码（如 for i=… next i）写出来，然后再在其中添加其他代码。
- 编程时要注意窗体上已有的控件，在编程时单击"."都会自动列出属性和方法，如果没有列出说明则控件名输入错误。
- 变量名第一个字母大写，这样当下次输入该变量且一行语句输入完按 Enter 键时，该变量第一个字母会自动大写，如果没有变成大写则说明变量输入错误。
- 上机编程题是按步给分的，每项操作都有相应的分值，不要轻易放弃，即使不会编写完整的程序，也要把变量定义出来，并把可能的程序结构先写出来（如循环结构、分支结构等）。

3. 编程题实例

编写一个程序实现在 100 以内的素数中，找出两两之间包含的合数（除 1 和本身外还可被其他数整除的数）最多（或间隔最大）。

[编程要求]

① 程序参考界面如图 16-12 所示，编程时不得增加或减少界面对象或改变对象的种类，窗体及界面元素大小适中，且均可见。

图 16-12

② 单击"执行"按钮，则将生成的素数添加到列表框中，将找到的符合要求的素数对显示在文本框中。单击"退出"按钮，则结束整个程序。

③ 程序中对素数的判断用通用过程实现。

步骤如下：

① 创建界面，窗体中有 1 个列表框、1 个文本框、2 个按钮和 2 个标签，各控件的属性如表 16-2 所示。

表 16-2 对象的属性

对象名	属性名	属性值
Form1	Caption	求间隔最大的素数对
Label1	Caption	素数列表
Label2	Caption	间隔最大的素数对
Text1	Text	空
Command1	Caption	执行
Command2	Caption	退出

② 实现"退出"按钮功能。

```
Private Sub Command2_Click()
    End
End Sub
```

③ 创建子函数。创建一个专门的函数判断数据是否是素数。使用"工具"菜单的"添加过程"添加一个子函数 prime，如图 16-13 所示。

判断 n 素数的方法是将该数除以 $2\sim\sqrt{n}$，如果都没被除尽则是素数。单击"执行"按钮调用 prime 函数判断是否是素数。使用 5 和 9 来调试 prime 函数。

```
Private Function Prime(n As Integer) As Boolean
    Dim i As Integer
    Prime = False
    For i = 2 To Sqr(n)
        If n Mod i = 0 Then Exit Function
    Next i
    Prime = True
End Function

Private Sub Command1_Click()
    Text1 = Prime(5)
End Sub
```

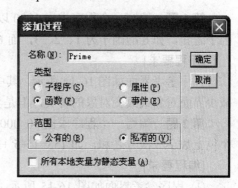

图 16-13 "添加过程"对话框

④ 在列表框中显示所有素数。单击"执行"按钮时，在列表框中列出所有的素数。编程先定义素数数组，循环变量等。使用循环在 1~100 循环判断素数，并添加到列表框中，素数数组的元素个数不断增加，因此使用动态数组。

```
Private Sub Command1_Click()
    Dim k As Integer, i As Integer, sn() As Integer
    k = 1
    For i = 100 To 2 Step –1
        If Prime(i) Then
            ReDim Preserve sn(k)
            sn(k) = i
            List1.AddItem i
```

```
            k = k + 1
        End If
    Next i
End Sub
```

⑤ 判断包含的合数最多的两个数。对数组 sn 中两两间隔差计算，并判断最大的，将该两个数显示出来。在 Sub Command1_Click()事件中添加以下程序：

```
n = 1
    maxv = sn(1)–sn(2)
    For i = 2 To k–2
        If sn(i)–sn(i + 1) > maxv Then
            maxv = sn(i)–sn(i + 1)
        End If
    Next i
    Text1.Text = "(" & CStr(sn(n + 1)) & "," & CStr(sn(n)) & ")"
```

⑥ 运行并进行验证。

16.2.2 编程题集锦

第 1 题 编写一个程序求出 1000 以内的所有完数。"完数"是指一个数恰好等于它的因子之和，如 6 的因子为 1、2、3，而 6=1+2+3，因而 6 就是完数。

[编程要求]

程序参考界面如图 16-14 所示，其中 picture 对象用于结果的显示，编程时不得增加或减少界面对象或改变对象的种类，但是界面元素的大小、位置可随意设置。

第 2 题 编写一个程序求出 10 000 以内的水仙数。"水仙数"指一个数恰好等于它各个位上数字 3 次方之和，如 $153=1^3+5^3+3^3$，因而 153 就是水仙数。

[编程要求]

① 程序参考界面如图 16-15 所示，其中 picture 对象用于结果的显示，编程时不得增加或减少界面对象或改变对象的种类，但是界面元素的大小、位置可随意设置。

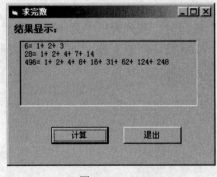

图 16-14

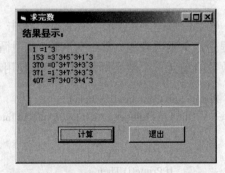

图 16-15

② 判断水仙数的过程采用通用过程实现。

第 3 题 编写一个利用级数和求 cos（x）函数近似值的程序。函数公式如下：

$$\cos(x) = 1 - x^2/2! + x^4/4! - x^6/6! \cdots (-1)^{n+1} x^{2(n-1)}/[2(n-1)]!$$

[编程要求]

① 程序参考界面如图 16-16 所示，编程时不得增加或减少界面对象或改变对象的种类，窗体及界面元素大小适中，且均可见。

② 编写一个求介乘的函数过程 prd。

③ 在文本框 Text1 中输入自变量值，单击"计算"按钮，利用给定的公式求出相应的函数值，并且显示到文本框 Text2 中（计算精确到级数第 n 项绝对值小于等于 10^{-6} 为止）。

第 4 题 求方阵的范数。方阵的范数是指方阵各列元素的绝对值之和中最大的数值。

[编程要求]

① 程序参考界面如图 16-17 所示，其中图片框用于显示方阵的内容，编程时不得增加或减少界面对象或改变对象的种类，但界面元素的大小、位置可随意设置。

② 编写一个计算方阵范数的通用函数过程 fan。

③ 单击"方阵产生"按钮，程序可用随机函数生成二维数组 a(4,4)，数组元素是–20～20 之间的整数，将 a 数组里元素按方阵形式显示在图片框 picture1 中。每写完一行后换行。

④ 单击"求范数"按钮，根据形成的方阵，调用 fan 函数求出其范数，并将结果显示在文本框 Text1 中。

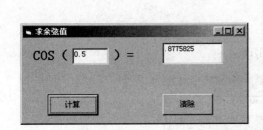

图 16-16

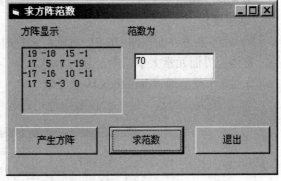

图 16-17

第 5 题 找出 10 000 以内的无暇数，"无暇数"是指此数为素数，并且此数的逆数也是素数。例如，17 为素数，71 也为素数。

[编程要求]

① 程序参考界面如图 16-18 所示，编程时不得增加或减少界面对象或改变对象的种类，窗体及界面元素大小适中，且均可见。

② 程序中至少有一个通用过程。

第 6 题 利用随机函数生成一个由 2 位正整数构成的 5 行 5 列矩阵，求出矩阵行的和为最大与最小的行，并且调换两行的位置。

[编程要求]

程序参考界面如图 16-19 所示，编程时不得增加或减少界面对象或改变对象的种类，窗体及界面元素大小适中，且均可见。

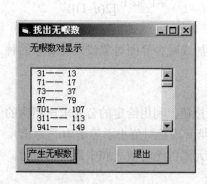
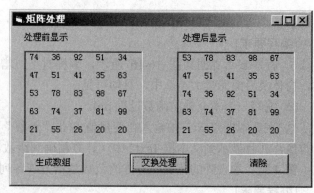

图 16-18　　　　　　　　　　　　图 16-19

第7题　把由字符的 ASCII 代码值对应的八进制数（两个八进制数之间用非数字字符分隔）组成的密文解密。密文以任意非数字字符结束。

[编程要求]

① 程序参考界面如图 16-20 所示，编程时不得增加或减少界面对象或改变对象的种类，窗体及界面元素大小适中，且均可见。

② 八进制数字串转换为字母字符的过程用通用过程实现。

第8题　编写一个程序计算出给定的 10 个整数的最大公约数和最小公倍数。

[编程要求]

① 程序参考界面如图 16-21 所示，编程时不得增加或减少界面对象或改变对象的种类，窗体及界面元素大小适中，且均可见。

② 10 个整数通过 inputbox 函数读取。

③ 求最大公约数、最小公倍数用通用过程实现。

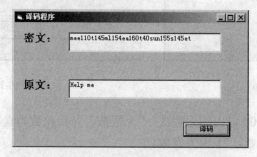

图 16-20

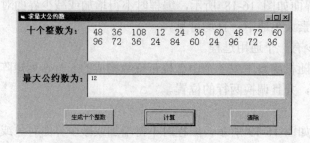

图 16-21

Visual Basic 数据库综合测试题答案

1. 改错题集锦答案

第 1 题
① 将第 16 行放在第 17 和第 18 行之间。
② 将第 27 行改为 For j = 0 To 5。
③ 将第 28 行改为 Picture2.Print a((p + j) Mod 20)。

第 2 题
① 将第 2 行改为 Private Sub getn(s As String,_d() As Integer)。
② 将 21 行改为 Dim s As Integer, av As Integer。
③ 将 23 行改为 Call getn(p,num)。

第 3 题
① 将第 12 行改为 ReDim Preserve f(f_idx)。
② 将第 20 行改为 ReDim preserve s(s_idx)。
③ 将第 25 行改为 If i = sum2 And i < sum1 Then。

第 4 题
① 将第 10 行改为 Dim n As Integer, t As String * 1, i as integer。
② 将第 15 行改为 for i=2 to len(s)。
③ 将第 24 行改为 coding=c & cstr(n)。

第 5 题
① 将第 10 行改为 Dim k As Integer, j As Integer, p as string*1。
② 将第 14 行改为 If Mid(s, k, 1) = Mid(d, j, 1) Then   exit for。
③ 将第 16 行改为 if j>len(d) then。

第 6 题
① 将第 21 行改为 For j = 1 To UBound(s) – i。
② 将第 34 行放在 42 行前面。
③ 将第 42 行改为 Loop While i < 8 And j < 8。

第 7 题
① 将第 6 行改为 Dim i As Integer, p As Integer。
② 将第 17 行改为 call command2_click()。
③ 将第 26 行改为 Loop while Abs(a) <= 0.00001。

第 8 题
① 将第 15 行改为 For i = 2 To ub。
② 将第 21 行改为 If k <= 0 Then Exit Do。
③ 将第 23 行改为 a(k + 1) = t。

第 9 题
① 将第 6 行改为 For k = 2 To Sqr(n)。
② 将第 17 行放到 18,19 行之间。
③ 将第 31 行放到 32,33 行之间。

第10题

① 将第11行改为 Call insertion(a, i)。
② 将第23行改为 Do While low<=high。
③ 将第33行改为 k = k–1。

第11题

① 将第4行改为 If m Mod i=0 Then Exit for。
② 将第15行改为 D0 Until i<=Len(st)。
③ 将第27行与28行位置交换。

第12题

① 将第7行改为 List1.AddItem Str(n) & "=" & Str(i) & "*" & Str(i)。
② 将第11行改为 Private Function verify(ByVal_n As Boolean) as Boolean。
③ 将第14行改为 a(n Mod 10) = 1。

2. 编程题集锦答案

第1题

```
Option Explicit

Private Sub Command1_Click()
    Dim n As Integer, i As Integer, s As String, sum As Integer
    n = 2
    Do While n <= 1000
        sum = 0
        s = Str(n) + "="
        For i = 1 To n \ 2
            If n Mod i = 0 Then
                sum = sum + i
                s = s + Str(i) + "+"
            End If
        Next i
        If n = sum Then
            s = Left(s, Len(s)–1)
            Picture1.Print s
        End If
        n = n + 1
    Loop
End Sub

Private Sub Command2_Click()
    End
End Sub
```

第2题

```
Option Explicit

Private Sub Command1_Click()
    Dim n As Integer, i As Integer
```

```
        For i = 1 To 10000
            If sxs(i) = True Then
                Picture1.Print i; "=";
                n = i
                Do
                    If n < 10 Then
                        Picture1.Print CStr(n Mod 10) & "^" & "3";
                    Else
                        Picture1.Print CStr(n Mod 10) & "^" & "3" & "+";
                    End If
                    n = n \ 10
                Loop Until n = 0
                Picture1.Print
            End If
        Next i
End Sub
Private Function sxs(ByVal x As Integer) As Boolean
    Dim s As Integer
    s = x
    Do
        s = s–(x Mod 10) ^ 3
        x = x \ 10
    Loop Until x = 0
    If s = 0 Then
        sxs = True
    Else
        sxs = False
    End If
End Function
Private Sub Command2_Click()
    End
End Sub
```

第3题

```
Option Explicit

Private Sub command1_click()
    Dim s As Single, a As Single, k As Integer
    Dim x As Single
    x = Text1.Text
    k = 2: s = 1
    Do
        a = (–1) ^ (k + 1) * x ^ (2 * (k–1)) / prd(2 * (k–1))
        If Abs(a) <= 0.000001 Then Exit Do
```

```
            s = s + a
            k = k + 1
        Loop
        Text2.Text = s
    End Sub

    Private Function prd(n As Integer) As Long
        Dim i As Integer
        If n <= 1 Then
            prd = 1
        Else
            prd = prd(n–1) * n
        End If
    End Function

    Private Sub command2_click()
        Text1.Text = ""
        Text2.Text = ""
        Text1.SetFocus
    End Sub
```

第 4 题

```
Option Explicit
Option Base 1
Dim a(4, 4) As Integer

Private Function fan(a() As Integer) As Integer
    Dim i As Integer, j As Integer, b() As Integer
    Dim max As Integer
    ReDim b(UBound(a))
    For j = 1 To UBound(a)
        For i = 1 To UBound(a)
            b(j) = b(j) + Abs(a(i, j))
        Next i
    Next j
    max = b(1)
    For i = 2 To UBound(b)
        If b(i) > max Then max = b(i)
    Next i
    fan = max
End Function
Private Sub Command1_Click()
    Dim i As Integer, j As Integer
    Dim max As Integer
    Randomize
    For j = 1 To UBound(a)
```

```
        For i = 1 To UBound(a)
            a(i, j) = Int((41 * Rnd)–20)
        Next i
    Next j
    For i = 1 To UBound(a)
        For j = 1 To UBound(a)
            Picture1.Print a(i, j);
        Next j
        Picture1.Print
    Next i
End Sub

Private Sub command2_click()
    Text1 = fan(a)
End Sub

Private Sub command3_click()
    End
End Sub
```

第 5 题

```
Option Explicit

Private Sub Command1_Click()
    Dim i As Integer, m As Integer, n As Integer
    For i = 2 To 10000
        If prime(wxs(i)) And prime(i) And wxs(i) > i Then
            List1.AddItem Str(wxs(i)) & "——" & Str(i)
        End If
    Next i
End Sub

Private Function prime(ByVal n As Integer) As Boolean
    Dim i As Integer
    prime = False
    For i = 2 To Sqr(n)
        If n Mod i = 0 Then Exit Function
    Next i
    prime = True
End Function

Private Function wxs (ByVal n As Integer) As Integer
    Do
        wxs = wxs * 10 + n Mod 10
        n = n \ 10
    Loop Until n = 0
```

End Function

第 6 题

```
Option Explicit
Option Base 1

Dim a(5, 5) As Integer
Private Sub Command1_Click()
    Dim i As Integer, j As Integer
    Randomize
    For i = 1 To 5
        For j = 1 To 5
            a(i, j) = Int(Rnd * 90) + 10
            Picture1.Print a(i, j); " ";
        Next j
        Picture1.Print
        Picture1.Print
    Next i
End Sub

Private Sub Command2_Click()
    Dim i As Integer, j As Integer
    Dim s As Integer, maxs As Integer
    Dim mins As Integer
    Dim maxh As Integer, minh As Integer
    Dim t As Integer
    
    maxh = 1
    maxs = 0
    For i = 1 To 5
        s = 0
        For j = 1 To 5
            s = s + a(i, j)
        Next j
        If s > maxs Then
            maxs = s
            maxh = i
        End If
    Next i
    
    mins = 500
    minh = 1
    For i = 1 To 5
        s = 0
        For j = 1 To 5
            s = s + a(i, j)
```

```
            Next j
            If s > mins Then
                mins = s
                minh = i
            End If
        Next i
        
        For i = 1 To 5
            t = a(maxh, i): a(maxh, i) = a(minh, i): a(minh, i) = t
        Next i
        
        For i = 1 To 5
            For j = 1 To 5
                Picture2.Print a(i, j); " ";
            Next j
            Picture2.Print
            Picture2.Print
        Next i
End Sub

Private Sub Command3_Click()
        Picture1.Cls
        Picture2.Cls
End Sub
```

第 7 题

```
Option Explicit

Private Sub Command3_Click()
        Dim s As String, i As Integer, p() As String
        Dim k As Integer, t As String * 1, f As Boolean
        Dim st As String
        
        s = Text1
        
        For i = 1 To Len(s)
            t = Mid(s, i, 1)
            If t <= "7" And t >= "0" Then
                st = st & t: f = True
            ElseIf f Then
                k = k + 1
                ReDim Preserve p(k)
                p(k) = st
                f = False
                st = ""
            End If
        Next i
```

```
            For i = 1 To UBound(p)
                Text2 = Text2 & Chr(tod(p(i)))
        Next i
End Sub

Private Function tod(st As String) As Integer
        Dim n As Integer, k As Integer, j As Integer
        n = Val(st)
        Do
            k = n Mod 10
            tod = tod + k * 8 ^ j
            n = n \ 10
            j = j + 1
        Loop Until n <= 0
End Function
```

第 8 题

```
Option Explicit
Option Base 1

Dim a(20) As Integer

Private Sub Command1_Click()
        Dim i As Integer, t As Integer
        t = gys(a(1), a(2))
        For i = 2 To 10
            t = gys(t, a(i))
        Next i
        Text2.Text = Str(t)
End Sub

Private Sub Command2_Click()
        Text1.Text = ""
        Text2.Text = ""
End Sub

Private Sub Command3_Click()
        Dim i As Integer
        For i = 1 To 20
            a(i) = InputBox("输入第" & Str(i) & "数")
            Text1.Text = Text1.Text & Str(a(i)) & " "
            If i = 10 Then
                Text1.Text = Text1.Text & vbCrLf
            End If
        Next i
End Sub
```

```
Private Function gys(ByVal a As Integer, ByVal b As Integer) As Integer
    Dim r As Integer
    If a < b Then
        a = a + b: b = a–b: b = a–b
    End If
    Do
        r = a Mod b
        a = b
        b = r
    Loop Until r = 0
    gys = a
End Function
```